雷达基础知识

——雷达设计与性能分析手册

Radar Essentials

A Concise Handbook for Radar Design
and Performance Analysis

〔美〕G. Richard Curry　著

杨　勇　肖顺平　张文明　李永祯　译

王雪松　审校

科学出版社

北　京

图字：01-2017-7674 号

内 容 简 介

原著是美国资深雷达专家、具有 35 年教学经验的 Curry 教授的匠心之作，是雷达领域入门教材。本书共 6 章，主要阐述雷达基本概念、雷达基本原理、雷达组成、雷达性能、雷达工作环境和雷达相关技术。本书内容涵盖面广，阐述精炼，可读性强。

本书可作为高等院校电子工程专业高年级本科生和研究生教材，也可作为雷达、航空专业领域工程技术人员的参考书。

Radar Essentials：A Concise Handbook for Radar Design and Performance Analysis Original English Language Edition Published by SciTech Publishing，Copyright 2012，All Rights Reserved.

图书在版编目（CIP）数据

雷达基础知识：雷达设计与性能分析手册 /（美）理查德·库里（G. Richard Curry）著；杨勇等译 . —北京：科学出版社，2018.1
书名原文：Radar Essentials：A Concise Handbook for Radar Design and Performance Analysis
ISBN 978-7-03-055363-8

Ⅰ. ①雷… Ⅱ. ①理…②杨… Ⅲ. ①雷达技术-技术手册 Ⅳ. ①TN95-62

中国版本图书馆 CIP 数据核字（2017）第 281642 号

责任编辑：张艳芬 / 责任校对：桂伟利
责任印制：吴兆东 / 封面设计：蓝 正

科 学 出 版 社 出版
北京东黄城根北街 16 号
邮政编码：100717
http://www.sciencep.com

北京中石油彩色印刷有限责任公司 印刷
科学出版社发行 各地新华书店经销
*
2018 年 1 月第 一 版 开本：720×1000 1/16
2024 年 3 月第七次印刷 印张：7 1/4
字数：134 000
定价：**98.00 元**
（如有印装质量问题，我社负责调换）

译 者 序

雷达起源于第一次世界大战，它利用目标对电磁波的反射来对目标进行探测。雷达可架设在地面、汽车、舰船、飞机、导弹和卫星等平台上，能够全天候、全天时地对目标进行监测、测距、测速、测角和成像。随着雷达技术的发展，雷达功能逐渐扩展，雷达抗干扰能力也逐渐增强。目前，雷达已在军事和民用方面得到了广泛应用。

本书是一部雷达入门级书籍，与现有的《雷达原理》、《雷达系统》、《雷达手册》、《雷达系统导论》等书籍不同，它偏重于雷达知识要点的归纳总结，包含雷达性能分析与设计相关的一些关键知识点、公式、表格和图。本书内容面广、层次清晰、结构性强、阐述精炼，便于读者快速了解雷达知识架构和知识点，同时也便于工程师快速查阅相关信息。

本书的翻译得到了电子信息系统复杂电磁环境效应国家重点实验室的大力支持。感谢国防科技大学电子科学学院罗鹏飞教授、冯德军副研究员、谢晓霞副教授对本书翻译工作提出的宝贵意见。感谢国家自然科学基金重大项目（61490690，61490692）和国家自然科学基金青年科学基金项目（61501475）对本书的资助。

在翻译本书的过程中，译者们根据自己的理解尽可能准确地表达原作者的思想，限于译者水平，书中难免存在翻译不当之处，敬请读者批评指正。

原　书　序

　　本书主要为读者提供雷达设计和性能分析相关的雷达基础知识,包括雷达课本和雷达手册中的一些基础知识、关键数据表格、公式和图。本书内容简单易懂,可提供全面的雷达知识参考;同时,本书便于查阅和携带。本书适于雷达、航空领域的工程师和系统分析人员、电子信息专业学生以及非雷达专业人士使用。

　　本书是《袖珍雷达手册》(*Pocket Radar Guide*)[1]的演化版,书中不涉及雷达相关知识的详细介绍、推导、示例和设计细节,具体内容读者可参考《现代雷达原理》(*Principles of Modern Radar*)[2]、《雷达手册》(*Radar Handbook*)[3]、《机载雷达》(*Introduction to Airborne Radar*)[4]。对于一些有用的雷达性能分析方法,读者可参考《雷达系统性能建模》(第二版)(*Radar System Performance Modeling*, *2nd ed.*)[5]和《雷达系统分析和建模》(*Radar System Analysis and Modeling*)[6]。对于雷达术语,读者可参考《IEEE 雷达定义标准》(*IEEE Standard Radar Definitions*, IEEE Std 686−2008)[7]。对于某些特定方面的知识,读者可参考本书中相关的参考文献。

　　在此,特别感谢 Scitech 出版有限公司总裁 Dudley Kay 提供的非常有益的建议以及对本书出版的支持,感谢 John Milan 和其他审阅者提出的宝贵意见。

目　　录

译者序

原书序

第1章　雷达基础 ··· 1

1.1　雷达的概念与工作原理 ·· 1

1.2　雷达功能 ··· 2

1.3　雷达类型 ··· 3

1.4　频段 ·· 5

1.5　军事术语 ··· 7

1.6　雷达基本组成 ··· 9

第2章　雷达子系统 ··· 11

2.1　天线 ·· 11

2.2　发射机 ··· 17

2.3　接收机 ··· 19

2.4　发射/接收组件 ·· 22

2.5　信号处理与数据处理 ··· 23

第3章　雷达性能 ··· 26

3.1　雷达截面积 ·· 26

3.2　信噪比 ··· 30

3.3　检测 ·· 34

3.4　搜索 ·· 42

3.5　测量 ·· 46

3.6　跟踪 ·· 51

第4章　雷达环境 ··· 54

4.1　大气损耗 ··· 54

4.2　雨损耗 ··· 57

4.3　大气折射 ··· 58

4.4　地形遮蔽与多径 ··· 59

4.5　雷达杂波 ··· 61

4.6　电离层效应 ·· 65

4.7　电子对抗 ··· 69

第 5 章　雷达技术 ·· 74

　5.1　波形 ··· 74

　5.2　动目标显示和相位中心偏置天线 ······························· 78

　5.3　脉冲多普勒和空时自适应处理 ·································· 80

　5.4　合成孔径雷达 ·· 82

　5.5　分类、鉴别与目标识别 ·· 85

第 6 章　辅助计算 ·· 89

　6.1　单位转换 ··· 89

　6.2　常量 ··· 90

　6.3　分贝 ··· 91

参考文献 ··· 93

附录 A　符号表 ··· 95

附录 B　词汇表 ··· 101

索引 ··· 104

第1章 雷 达 基 础

1.1 雷达的概念与工作原理

RADAR 是无线电探测和测距(radio detection and ranging)的缩写。

雷达向目标发射电磁波,然后利用目标对电磁波的反射来发现目标并测定目标位置。电磁波在大气和自由空间中直线传播,传播速度为 $c = 3 \times 10^8\,\mathrm{m/s}$(详见6.2 节),但在以下情况下电磁波不是直线传播或传播速度不是 $3 \times 10^8\,\mathrm{m/s}$:

(1) 电磁波在金属物体和那些介电常数不同于自由空间的介质中传播。

(2) 折射。折射是指由于电磁波在介质中传播速度的变化造成的传播路径弯曲的现象。雷达电磁波在大气层和电离层中传播通常存在折射现象(详见 4.3 节和 4.6 节)。

(3) 绕射。绕射是指电磁波绕过物体边缘继续向前传播。在雷达工作频段,绕射现象不明显。

根据雷达工作基本原理(图 1.1),雷达发射机产生电磁波,电磁波通过发射天线向目标方向辐射。一部分辐射电磁波经目标反射后由雷达接收天线接收,雷达接收机对接收电磁波进行处理后可以获得目标相关信息。这些目标相关信息包括以下几方面:

(1) 目标是否存在。当目标回波信号强度超过一定值时即判断目标存在。

(2) 目标距离。目标距离可根据电磁波往返于雷达目标间的时间 t 计算。对于单站雷达(详见 1.3 节),目标距离 R 可表示为

$$R = \frac{ct}{2} \tag{1.1}$$

(3) 雷达径向速度 V_R 是目标速度 V 在雷达目标连线方向的分量(详见 1.3节),其可表示为

$$V_R = V\cos\alpha \tag{1.2}$$

式中,α 为目标速度矢量与雷达视线(line of sight,LOS)之间的夹角。雷达径向速度可根据雷达接收信号的多普勒频移计算得到,具体可表示为

$$V_R = \frac{f_D c}{2f} = \frac{f_D \lambda}{2} \tag{1.3}$$

式中,f 为雷达工作中心频率;λ 为波长。

(4) 目标方向。目标方向可根据最大目标回波信号强度对应的天线波束指向

得到。

（5）目标特性。目标特性可根据目标回波信号的幅度和其他特征得到，如起伏特性、持续时间和目标频谱特性等。

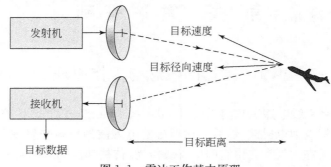

图 1.1　雷达工作基本原理

1.2　雷达功能

雷达通常具有以下一个或多个功能：

（1）搜索（也称为监视）。对空中某片区域进行监测以发现潜在目标（详见 3.4 节）。

（2）检测。判断目标是否存在（详见 3.3 节）。

（3）目标距离、角度、速度测量（详见 3.5 节）。

（4）跟踪。对连续测量结果进行处理以估计目标航迹（详见 3.6 节）。

（5）成像。采用合成孔径处理对目标或某片区域生成二维或三维图像（详见5.4 节）。

（6）分类、鉴别与识别。确定目标的特征、类型和真实身份（详见 5.5 节）。

许多雷达在常规工作模式下可实现以上两个或多个功能。具有以上多个功能的雷达称为多功能雷达。多功能雷达可以同时对多个目标信号进行处理，其通常具有以下特点：

（1）相控阵天线。相控阵天线能够快速将波束指向目标（详见 2.1 节）。

（2）多种波形。多种波形用于实现多种功能（详见 5.1 节）。

（3）能够进行数字信号处理。数字信号处理用于处理各种波形并对多个目标回波做相应处理以实现多种功能（详见 2.5 节）。

（4）采用计算机进行控制。多功能雷达可根据所需的信息和目标结构控制信号的发射和接收（详见 2.5 节）。

1.3　雷 达 类 型

1. 单站雷达

单站雷达的发射天线和接收天线在同一地点。与雷达目标之间的距离相比,单站雷达发射天线与接收天线之间的距离很小。这样,两个天线观测的区域相同。在许多情况下,雷达采用同一天线通过切换来分别进行信号发射和接收。这样,雷达在一个地点就可对信号的发射和接收进行协调。单站雷达根据信号往返时间差来测量目标距离[式(1.1)],根据目标信号多普勒频移来测量目标径向速度[式(1.3)]。

2. 双基地雷达

双基地雷达的发射天线和接收天线相隔较远,这样可以避免发射机和接收机之间的相互干扰。双基地雷达可以采用单天线发射、多天线接收。目标双基地雷达截面积(radar cross section,RCS)可能大于目标单站雷达截面积(详见 3.1 节)。信号传播路径包括发射天线与目标之间的距离以及目标与接收天线之间的距离。目标到发射天线与接收天线之间距离的和为一常数时,目标的位置点迹为一个以发射天线与接收天线为焦距的椭圆(图 1.2)。目标到发射天线与接收天线之间距离的和可根据发射信号与接收信号之间的时间差计算得到:

$$R_{\mathrm{T}} + R_{\mathrm{R}} = ct \tag{1.4}$$

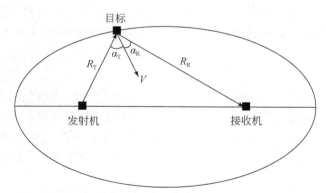

图 1.2　双基地雷达与目标的几何关系图

目标多普勒频移可计算为

$$f_{\mathrm{D}} = \frac{V(\cos\alpha_{\mathrm{T}} + \cos\alpha_{\mathrm{R}})}{\lambda} \tag{1.5}$$

式中,α_{T} 为目标速度矢量与发射天线视线之间的夹角;α_{R} 为目标速度矢量与接收天线视线之间的夹角(图 1.2)。

3. 脉冲雷达

脉冲雷达发射一个脉冲,然后接收目标反射的脉冲回波。这样,可以使用单个天线来完成信号发射和接收,同时可以避免发射机与接收机之间的相互干扰。对于单站雷达,在测得发射脉冲与接收脉冲之间的时间差后即可计算得到目标距离。单站雷达在脉冲发射后才能开始接收信号,因此雷达能够测量的目标最小距离 R_M 为

$$R_M = \frac{c\tau}{2} \tag{1.6}$$

式中,τ 为脉冲持续时间。脉冲重复间隔(pulse repetition interval,PRI)是脉冲重复频率(pulse repetition frequency,PRF)的倒数。当雷达以固定的脉冲重复间隔发射脉冲时,若前一个发射脉冲的回波在下一个发射脉冲发射之后到达,则该回波可能被认为是下一个脉冲的回波,这样,就会得到错误的目标距离。当目标距离大于 nc (PRI/2) 时,就会发生上述现象。当 $n=1$ 时,这种现象称为二次往返;当 $n>1$ 时,这种现象称为多次往返。

4. 连续波雷达

连续波(continuous wave,CW)雷达在发射连续信号的同时接收信号。对于单站雷达,目标径向速度可根据目标回波信号的多普勒频移计算得到。如果雷达发射连续波的频率是变化的(调频连续波),那么雷达可以测量目标距离。单站连续波雷达受发射机与接收机之间相互干扰的影响,其发射功率和灵敏度均有限。

5. 相参雷达

相参雷达利用稳定信号源产生发射波形,并用它处理接收信号。相参雷达能够测量目标径向速度(详见 1.1 节)并进行脉冲相参积累(详见 3.2 节),还可以通过动目标显示(moving target indication,MTI)、脉冲多普勒和空时自适应处理(space-time adaptive processing,STAP)等技术抑制杂波(详见 5.2 和 5.3 节)。非相参雷达不具备以上能力。

6. 超视距雷达

超视距(over-the-horizon,OTH)雷达利用电离层反射可探测超过雷达视距范围的目标回波(详见 4.4 节)。综合考虑电离层条件和目标探测距离,超视距雷达的工作频段通常选在高频(HF)段(3~30MHz)(详见 1.4 节)。超视距雷达天线长、发射功率高、信号处理时间长,其距离、角度测量精度较低,其主要用来预警。

7. 二次监视雷达

二次监视雷达(secondary surveillance radar, SSR)利用旋转天线发射询问信号以对合作飞机进行探测。合作飞机在收到雷达信号后,使用应答器向地面雷达站回复不同频段的信号。应答信号是包含了目标高度和身份信息的编码脉冲信号。由于发射和应答都是单向传输,因此雷达和应答器能够以较低的发射功率达到较远传输距离的目的,而且上行(询问)和下行(应答)链路采用不同的工作频率可以避免雷达杂波。军用系统中,敌我识别(identification friend or foe, IFF)系统采用了这项技术(详见 5.5 节),只不过其采用的信号是编码加密信号。

8. 合成孔径雷达

合成孔径雷达(synthetic aperture radar, SAR)在随搭载平台(飞机或卫星)移动时发射一连串脉冲信号,这些脉冲回波信号经过处理后可使雷达具有较高的方位分辨率,这等效于雷达具有大天线孔径和很窄的波束。若合成孔径雷达距离分辨率较高,则其可对地形和地面目标进行二维成像(详见 5.4 节)。

9. 雷达搭载平台

雷达的探测范围和探测能力受搭载平台影响。雷达搭载平台包括以下几种:

(1) 陆基。陆基雷达可以做得很大,发射功率可以很高,但由于地球曲率的限制,陆基雷达视距较小(详见 4.4 节)。

(2) 海基。海基雷达也可以做得较大,雷达位置可随舰船位置的改变而改变。

(3) 机载。相对陆基和海基雷达,机载雷达对低空飞机和地面目标的视距更大,机载雷达位置能够快速改变。但是,受飞机有效载荷的限制,雷达天线尺寸较小,发射机功率较低。

(4) 天基。天基雷达可以对地球上的任何区域进行观测,但其观测范围可能受卫星轨道的限制。天基雷达需进行远距离探测,但其探测距离受天线尺寸和发射机功率限制。

1.4　频　　段

电磁波的波长 λ 和其频率 f 的关系为

$$\lambda = \frac{c}{f}, \quad f = \frac{c}{\lambda} \tag{1.7}$$

1. 雷达频段

雷达工作频率范围可分为多段,这些频段用字母表示(表 1.1)。在这些频段中,国际电信联盟(International Telecommunication Union,ITU)授权了雷达可使用的频率范围。雷达工作频率范围受 ITU 分配和雷达组件的双重限制,其通常在雷达工作中心频率附近的 10%范围内。

表 1.1　雷达频段[8]

频段名称	频率范围	分配给雷达的频率范围	常用雷达频率	常用雷达波长
HF	3～30MHz	—	—	—
VHF	30～300MHz	138～144MHz 216～225MHz	220MHz	1.36m
UHF	300～1000MHz	420～450MHz 890～942MHz	425MHz	0.71m
L	1～2GHz	1.215～1.4GHz	1.3GHz	23cm
S	2～4GHz	2.3～2.5GHz 2.7～3.7GHz	3.3GHz	9.1cm
C	4～8GHz	4.2～4.4GHz 5.25～5.925GHz	5.5GHz	5.5cm
X	8～12GHz	8.5～10.68GHz	9.5GHz	3.2cm
Ku	12～18GHz	13.4～14GHz 15.7～17.7GHz	16GHz	1.9cm
K	18～27GHz	24.05～24.25GHz 24.65～24.75GHz	24.2GHz	1.2cm
Ka	27～40GHz	33.4～36GHz	35GHz	0.86cm
V	40～75 GHz	59～64GHz	—	—
W	75～110GHz	76～81GHz 92～100GHz	—	—
毫米波	110～300GHz	126～142GHz 144～149GHz 231～235GHz 238～248GHz	— — — —	— — — —

　　搜索雷达通常工作在甚高频(very high frequency,VHF)、特高频(ultra high frequency,UHF)和 L 频段,因为在这些频段实现大尺寸天线和高功率发射相对容易(详见 3.4 节);跟踪雷达通常工作在 X、Ku 和 K 频段,因为在这些频段实现窄波束宽度和高测量精度相对容易(详见 3.5 节);多功能地基雷达通常工作在 S 和 C 频段;战斗机机载多功能雷达通常工作在 X 频段。

　　大气吸收和雨引起的信号衰减随着信号频率的增加而增加(详见 4.1 和 4.2 节),因此信号衰减会限制雷达在 Ku、K 和 Ka 频段下的性能。超视距雷达利用电离层反射来探测目标(详见 1.3 节),但电离层会导致 VHF 和 UHF 频段的信号失真(详见 4.6 节)。

2. ITU 频段

ITU 命名的频段名称如表 1.2 所示。

表 1.2　ITU 命名的频段[8]

频率范围	频段名称	米制名称
3~30MHz	HF	十米波
30~300MHz	VHF	米波
0.3~3GHz	UHF	分米波
3~30GHz	SHF	厘米波
30~300GHz	EHF	毫米波

注:SHF-超高频;EHF-极高频。

3. 电子战频段

电子战协会命名的频段名称如表 1.3 所示。

表 1.3　电子战频段[9]

电子战频段	频率范围
A	30~250MHz
B	250~500MHz
C	500~1000MHz
D	1~2GHz
E	2~3GHz
F	3~4GHz
G	4~6GHz
H	6~8GHz
I	8~10GHz
J	10~20GHz
K	20~40GHz
L	40~60GHz
M	60~100GHz

1.5　军 事 术 语

美国军用电子系统根据联合电子类型命名系统(正式名称为陆军海军联合命

名系统,简称 AN 系统)命名,格式如下:

$$AN/ABC-\sharp DVT$$

式中,

(1) AN 表示军用;

(2) 斜线之后第一个字母(A)表示装载位置;

(3) 斜线之后第二个字母(B)表示设备类型;

(4) 斜线之后第三个字母(C)表示设备用途;

(5) 连字符之后的符号(♯)表示设备型号;

(6) 连字符之后的第一个字母(D)表示设备改进型号;

(7) 连字符之后的第二个字母(V)表示设备版本号;

(8) 连字符之后的第三个字母(T)表示训练系统。

与雷达系统相关的字母编码如表 1.4 所示。

表 1.4　联合电子类型命名系统字母代码

字母	代码	含义
装载位置(斜线后第一个字母)	A	机载
	D	无人驾驶运载器(无人驾驶飞机,无人机)
	F	固定式
	G	地面用
	M	地面移动式
	P	便携式
	S	水面舰艇
	T	地面可运输式
	V	地面车载
设备类型(斜线后第二个字母)	L	电子对抗
	M	气象
	P	雷达
	S	专用型
设备用途(斜线后第三个字母)	G	火控
	N	导航
	Q	专用或联用
	R	接收或无源探测
	S	探测、测距与测向
	X	鉴别或识别
	Y	监管

1.6　雷达基本组成

采用相参处理的单基地脉冲雷达的基本组成如图 1.3 所示。雷达天线通过发射/接收(T/R)转换设备实现发射与接收功能切换。图 1.3 中的雷达基本部件也广泛应用于其他类型的雷达。

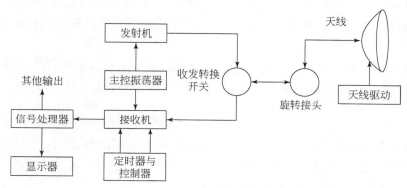

图 1.3　雷达基本组成

下面对各个基本部件及其功能进行介绍：

(1) 主控振荡器包括稳定本机振荡器(stable local oscillator,STALO)和波形发生器。主控振荡器的输出信号传送到发射机进行放大后发射,同时也传送到接收机作为参考信号用于相参处理。非相参雷达可能不用主控振荡器,其发射波形通过发射机中的振荡器生成(详见 2.2 节)。

(2) 发射机对主控振荡器的输出信号进行放大以获得大的信号发射功率。发射机可能包含一个调制器,调制器在脉冲发射时打开发射机(详见 2.2 节)。

(3) 发射机输出端与天线之间用一种高功率射频传输介质连接。在微波频段,传输介质通常是波导;在 UHF、VHF 频段,传输介质通常为同轴电缆或其他设备。天线与接收机之间采用类似的传输介质进行连接,只是这种传输介质主要工作在低功率情况下。

(4) 天线发射射频信号并接收目标反射信号。天线通常具有定向的发射与接收方向图,可使雷达对某一感兴趣的方向进行集中观测并对目标角度进行测量(详见 2.1 节)。

(5) 当天线进行机械式扫描观测时,雷达通常采用一个或多个波导旋转接头将天线与发射机、接收机进行连接。当天线机械扫描角度受限时,则采用柔性电缆将天线与发射机、接收机进行连接。天线驱动电机和相关的控制装置一起控制着天线扫描。

（6）当雷达发射、接收信号共用同一天线时，发射/接收开关（称为天线收发转换开关）在脉冲发射期间将天线与发射机连接，在脉冲接收期间将天线与接收机连接。这通常用微波循环器来实现。当雷达发射、接收采用不同的天线时，通常会采用一个保护装置来防止发射功率过高损坏接收机。当雷达收发共用同一天线时，这种保护装置也通常与循环器一起使用以保护接收机。

（7）接收机将接收信号放大，并将信号转换为中频（intermediate frequency，IF）或视频信号。在大多数现代雷达中，这些信号被数字化后在数字处理器中处理。有时雷达也会采用模拟接收机对信号进行处理以实现目标检测和测量（详见2.3节）。

（8）信号处理器对接收信号进行滤波、检测、目标位置与速度测量、跟踪、特征提取等处理，处理后的结果信息在雷达显示屏上显示并发送给其他用户（详见2.5节）。

（9）一些雷达采用主控振荡器和定时器生成的波形较为简单。复杂一点的雷达，特别是多功能雷达，使用定时器和控制装置可对发射波形、接收机接收时间和信号处理模式进行选择和时序控制。

（10）电源为各雷达部件提供稳定电压。

第2章　雷达子系统

2.1　天　　线

1. 天线参数

方向性系数 D 等于天线最大辐射功率除以天线平均辐射功率。

天线增益 G 等于天线最大辐射强度除以具有同样功率输入的无损耗各向同性辐射源辐射的强度。天线增益受天线损耗（包括天线欧姆损耗 L_O 和天线效率损耗 L_E）的影响，它与天线方向性系数之间的关系可表示为

$$G = \frac{D}{L_O L_E} \tag{2.1}$$

天线有效孔径面积 A 决定了天线的接收信号功率，它与天线增益之间的关系可表示为（图 2.1）

$$A = \frac{G\lambda^2}{4\pi}, \quad G = \frac{4\pi A}{\lambda^2} \tag{2.2}$$

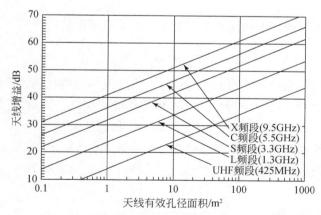

图 2.1　不同频段下天线增益与天线有效孔径面积之间的关系

由于天线损耗，天线的有效孔径面积通常小于天线的物理面积 A_A，两者之间的关系可表示为

$$A = \frac{A_A}{L_O L_E} \tag{2.3}$$

天线波束宽度 θ 通常定义为天线增益一半处两点间的夹角,也称为 3dB 波束宽度(图 2.2),其表达式为

$$\theta = \frac{k_A \lambda}{W} \tag{2.4}$$

式中,k_A 为天线波束宽度系数,通常取 1;W 为天线在波束宽度所在平面的天线尺寸。波束宽度通常在两个相互正交的平面中定义,如 x 和 y 平面,两平面中的波束宽度记为 (θ_x, θ_y),其中,y 平面为垂直平面。当天线波束指向水平方向时,x 和 y 平面即为方位平面和俯仰平面,天线波束宽度记为 (θ_A, θ_E)。

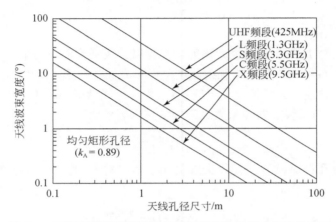

图 2.2　不同频段下天线波束宽度与天线孔径尺寸之间的关系

天线增益可以根据天线在两个正交平面的波束宽度估计得到[10]:

$$G \approx \frac{10.75}{\theta_x \theta_y L_O} \text{ 或者 } G \approx \frac{10.75}{\theta_A \theta_E L_O} \tag{2.5}$$

当雷达发射与接收采用不同的天线时或者当雷达发射与接收模式下的天线损耗不同时,需要对发射和接收时的天线增益、有效孔径面积以及波束宽度分别表示,如这些参数可分别表示为 G_T、G_R、A_T、A_R、θ_T 和 θ_R。

天线旁瓣增益用其与主瓣增益的相对值来表示(记为 SL)(SL<1),或用其与各向无损耗辐射源的相对值来表示(记为 SLI),其公式可表示为

$$SLI = SL \cdot G \tag{2.6}$$

当这些参数用分贝(详见 6.3 节)表示时,有

$$SLI(dB) = SL(dB) + G(dB) \tag{2.7}$$

天线方向图通常指的是天线远场方向图,天线远场又称为夫琅和费区域,该区域离天线的最近距离 R_F 为

$$R_F = \frac{2W^2}{\lambda} \tag{2.8}$$

2. 天线方向图

天线远场方向图可根据孔径照度函数的傅里叶变换计算得到:

$$G(\psi) = \left[\int a(x)\exp\left(-j2\pi\frac{x}{\lambda}\sin\psi\right)dx\right]^2 \tag{2.9}$$

式中,ψ 为偏离天线波束中心的角度;$a(x)$ 为天线电流密度。天线某一点的天线电流密度是该点到天线中心距离的函数,天线电流密度也称为孔径照度。

孔径照度加权函数(也称为渐变函数)可以降低天线旁瓣增益,但会增加天线波束宽度和孔径效率损耗(如果对天线两个正交维度的孔径照度函数进行加权,那么孔径效率损耗为两个加权函数导致的损耗的乘积)。几种常见的加权函数的特性如表 2.1 所示。$\cos^n x$($n=1,2,3,4,5$)、截断高斯函数、带底座的余弦等几个加权函数通过反射面天线的馈电喇叭较易实现,且使用这些函数产生的天线旁瓣增益随着角度的增加逐渐降低。阵列天线通常使用泰勒加权,这种加权函数较易实现,且加权后的天线旁瓣电平几乎相同、孔径效率损耗相对较低。

表 2.1　孔径加权函数的特性[10]

孔径加权	孔径效率	孔径效率损耗/dB	天线波束宽度系数 k_A	第一旁瓣电平/dB
矩形	1.0	0	0.886	−13.3
圆形	1.0	0	1.028	−17.6
$\cos x$	0.802	0.956	1.189	−23.0
$\cos^2 x$	0.660	1.804	1.441	−31.5
$\cos^3 x$	0.571	2.44	1.659	−39
$\cos^4 x$	0.509	2.93	1.849	−47
$\cos^5 x$	0.463	3.34	2.03	−54
截断高斯 50% 边缘照度	0.990	0.0445	0.920	−15.5
截断高斯 14% 边缘照度	0.930	0.313	1.025	−20.8
截断高斯 1.9% 边缘照度	0.808	0.928	1.167	−32.1
截断高斯 0.5% 边缘照度	0.727	1.387	1.296	−37
带 50% 底座的余弦	0.965	0.1569	0.996	−17.8
带 30% 底座的余弦	0.920	0.363	1.028	−20.5
带 20% 底座的余弦	0.888	0.516	1.069	−21.8
带 10% 底座的余弦	0.849	0.711	1.121	−22.9
带 5% 底座的余弦	0.827	0.827	1.151	−23.1
具有 −20dB 旁瓣的泰勒加权	0.951	0.218	0.983	−20.9

孔径加权	孔径效率	孔径效率损耗/dB	天线波束宽度系数 k_A	第一旁瓣电平/dB
具有−25dB 旁瓣的泰勒加权	0.900	0.455	1.049	−25.9
具有−30dB 旁瓣的泰勒加权	0.850	0.704	1.115	−30.9
具有−35dB 旁瓣的泰勒加权	0.804	0.948	1.179	−35.9
具有−40dB 旁瓣的泰勒加权	0.763	1.178	1.250	−40.9

加权函数使得远离波束中心的角度对应的旁瓣电平很低,但在以下情况下加权函数会抬高天线旁瓣电平:

(1) 天线形状和天线方向图存在误差。

(2) 天线构件的反射。

(3) 反射面辐射溢出。

许多雷达采用单脉冲体制来测量目标角度(详见 3.5 节)。这些雷达发射两个波束,两个波束中心相隔一个较小的角度。两个波束分别相加和相减以产生和、差波束天线方向图。在俯仰向和方位向分别采用这样的和、差波束可测得目标俯仰角和方位角。对于反射面天线,俯仰向和方位向的和、差波束由四个或更多喇叭天线产生。

3. 信号极化

发射信号的极化定义为发射电磁波电场矢量的运动轨迹。常用的极化有线极化、水平极化和垂直极化。对于圆极化,电场矢量随着信号的传播是旋转变化的,顺时针旋转为右旋圆极化,逆时针旋转为左旋圆极化。

大多数天线都采用单极化发射和接收信号。对于圆极化,接收信号极化通常与发射信号极化方向相反。通过设计,天线可以同时发射、接收两个正交极化。例如,水平极化和垂直极化、左旋圆极化和右旋圆极化。此外,天线可以在两个连续脉冲间交替发射不同极化的信号,然后采用两个正交极化同时接收、处理信号(详见 2.3 节)。

4. 反射面天线

反射面天线通过馈电喇叭辐射电磁波。电磁波聚焦后通过固体或网状金属反射面辐射出去,以形成期望的远场天线方向图。常见的反射面天线包括以下几种:

(1) 抛物面天线。抛物面天线为一种抛物线形状的圆形反射体,可以在上下、左右进行二维机械扫描。它可以产生一个对称窄波束,通常称为笔状波束。抛物面天线适用于观测和跟踪单个目标。

(2) 旋转反射面天线。旋转反射面天线在水平面上具有抛物线轮廓,在方位向可以产生窄波束。旋转反射面天线根据期望的仰角波束覆盖范围来设计垂直面的形状和馈电。旋转反射面天线产生的波束通常称为扇形波束。天线在方位向连续旋转以覆盖 360°范围和更新目标信息。

5. 平面阵列天线

平面阵列天线由多个同相发射阵元组成,天线波束形状取决于阵列形状和阵元加权。阵列天线通过机械旋转或机械控制来调整波束指向。常见的平面阵列天线阵元有以下两种:

(1) 偶极子。偶极子阵列将多个偶极子辐射单元布设在一个平面上,偶极子阵列通常在 VHF 和 UHF 频段使用。

(2) 槽形波导。槽形波导阵列由多个带槽的波导组成,每个波导是一个辐射单元。这种天线主要用于微波频段。

6. 相控阵天线

相控阵天线通常由同一平面上的多个阵元组成。每个阵元的相位使用电控移相器进行单独控制,从而可以使天线波束快速指向期望的方向。这种波束控制方式支持雷达交替使用搜索、跟踪等功能以满足一些战术要求。此外,相控阵雷达具有多种发射波形,能够实现多种功能。

假设相控阵具有 n_E 个阵元,每个阵元的增益为 G_E,有效孔径面积为 A_E,阵列增益和有效孔径面积分别为所有阵元的增益和有效孔径面积之和:

$$G = n_E G_E, \quad A = n_E A_E \tag{2.10}$$

当需要对多个阵元接收信号进行加权时,就要对某些阵元的接收信号进行衰减。当需要对多个阵元的发射信号进行加权时,就要降低一些阵元的发射功率。发射和接收时阵元加权的效果均可用孔径效率损耗来描述(详见 2.4 节)。

当天线波束扫描角为 φ 时,会出现以下三种情况:

(1) 由于阵列在波束方向上投影面积减小,因此天线在该方向的增益 G_φ 和有效孔径面积 A_φ 分别降低为

$$G_\varphi = G\cos\varphi, \quad A_\varphi = A\cos\varphi \tag{2.11}$$

(2) 扫描角度处阵元增益和有效孔径面积的降低进一步导致阵列天线增益和有效孔径面积降低。

(3) 波束宽度 θ_φ 变宽,具体可表示为

$$\theta_\varphi = \frac{\theta}{\cos\varphi} \tag{2.12}$$

相控阵雷达发射机与阵元之间、阵元与接收机之间的信号传输可由以下几种方式实现:

(1) 空间馈电。信号由阵面上的馈电喇叭进行发射和接收。相控阵天线通过

控制各阵元的移相器来合理调整发射信号和接收信号的相位。

（2）波导。信号通过波导或同轴电缆进行发射和接收，发射信号和接收信号的相位也通过各阵元的移相器来进行调整。

（3）发射/接收组件（详见 2.4 节）。每个阵元的发射/接收组件是其发射阶段的最后一级放大器、接收阶段的第一级低噪处理器，同时它对发射信号和接收信号具有移相作用。发射/接收组件与空间馈电、波导或同轴电缆直接连接进行信号传输。

相控阵可分为以下三类[5]：

（1）全视场（full field of view，FFOV）相控阵。全视场相控阵电子扫描范围为相控阵天线法线左右各 60°。阵元间距约为 0.6λ 、增益约为 5dB。相控阵扫描损耗约为

$$L_S = \cos^{-2.5} \varphi \qquad (2.13)$$

全视场相控阵雷达采用三个或更多个 FFOV 相控阵天线才能实现半球覆盖。

（2）稀疏 FFOV 相控阵。在完整相控阵的某些位置上将阵元去掉或采用虚拟阵元，即形成了稀疏 FFOV 相控阵。与同样尺寸的完整相控阵相比，稀疏相控阵阵元较少，增益较低、孔径有效面积较小、旁瓣电平较高。

（3）有限视场（limited field of view，LFOV）相控阵。LFOV 相控阵偏离天线法线方向的最大扫描角 φ_M 小于 60°。LFOV 相控阵比 FFOV 相控阵阵元数少，但其增益更高，阵元间间距更大。为避免天线栅瓣，阵元间隔 d 需满足

$$d \leqslant \frac{0.5\lambda}{\sin\varphi_M} \qquad (2.14)$$

当相控阵扫描角为 φ 时，相控阵阵元间接收信号的时间差决定了信号最大带宽，信号带宽 B 的取值范围为

$$B \leqslant \frac{c}{W\sin\varphi} \qquad (2.15)$$

式中，W 为相控阵在扫描平面的尺寸。使用时间延迟控制代替相位控制可以消除上述时间差对信号带宽的约束。时间延迟控制适用于尺寸为 W_S 的子阵，其中 W_S 的取值范围为

$$W_S = \frac{c}{B\sin\varphi} \qquad (2.16)$$

式中，φ 为方位向或俯仰向扫描角。

7. 混合天线

混合天线兼具反射面天线简单、成本低和相控阵天线灵活的特点。典型混合天线的组成包括以下两部分：

（1）旋转反射面或阵列天线。其能够在俯仰向产生堆积波束。

（2）相控阵。其通过机械控制能够将波束指向预期方向。

2.2　发　射　机

1. 发射机参数

发射机射频输出平均功率记为 P_A，发射机射频输出峰值功率记为 P_P，脉冲雷达的峰值功率大于平均功率。平均功率与峰值功率的比值称为占空比，其可表示为

$$DC = \frac{P_A}{P_P} \tag{2.17}$$

脉冲雷达发射脉冲持续时间（脉冲宽度）记为 τ。许多雷达，特别是相控阵雷达，脉冲持续时间可变化。当雷达脉冲重复频率固定时，占空比为

$$DC = \tau PRF \tag{2.18}$$

脉冲能量 E 可表示为

$$E = \tau P_P \tag{2.19}$$

发射机最大脉冲持续时间 τ_{max} 受发射机部件（特别是真空管）热积聚的限制，最大脉冲能量为

$$E_{max} = \tau_{max} P_P \tag{2.20}$$

发射机效率 η_T 可表示为

$$\eta_T = \frac{P_A}{P_S} \tag{2.21}$$

式中，P_S 为发射机的输入功率。发射机效率通常为 $15\% \sim 35\%$。由于各种损耗以及发射机部件本身要消耗一些功率，因此发射机的效率通常低于其他射频输出设备的效率。

由于波导、天线损耗以及其他雷达部件的使用，总的雷达效率低于 η_T，通常为 $5\% \sim 15\%$。

发射机设计需要考虑发射机中心频率 f、发射信号带宽 B_T 等关键参数。对于相参雷达，发射机频率的稳定性非常重要。在相参处理期间，必须保持频率稳定、相位噪声低。

2. 发射机组成

简化的相参发射机如图 2.3 所示，其中包含激励器和功率放大器。

雷达发射机频率通过稳定本机振荡器生成。同时，稳定本机振荡器也为雷达接收信号处理提供参考信号。对于能够发射多个频率信号的雷达，稳定本机振荡器采用一组稳定振荡器，这些振荡器通常用晶体振荡器进行锁相。对于非相参雷达，本机振荡器的稳定性不重要，在一些情况下，发射机本身即作为一个振荡器。

波形产生器产生具有一定调制方式的信号波形（详见 5.1 节）。产生简单脉冲

波形时,波形产生器只需要对射频信号在时间上进行选通。产生复杂一点的波形时,波形产生器需要对信号进行精确的相位或频率调制,这可使用双相调制器或表面声波延迟线等模拟设备实现。现代多功能雷达通常采用数字波形生成器(详见2.5节)。许多雷达使用相参本机振荡器(coherent local oscillator,COHO)为波形产生提供稳定信号,为接收机信号解调提供参考信号。

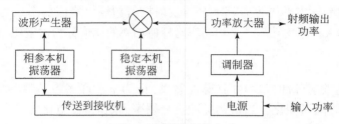

图 2.3　相参发射机组成

稳定本机振荡器和信号波形通过混频器混频后输入功率放大器。为了使发射功率足够高,需要采用多级功率放大器对发射信号进行放大。通常将两个或多个并行功率放大器的输出功率叠加在一起以提供足够高的发射功率。值得注意的是,发射机峰值功率 P_P 和平均功率 P_A 是在发射机输出端定义的。发射机内部功率叠加或传输导致的损耗将影响最终的输出峰值功率和平均功率。

发射机电源将输入功率转换为直流电压。脉冲雷达通常使用一个调制器以在脉冲期间向发射机提供直流功率,调制器可能是一个电子开关,但在许多情况下,它采用电容器、脉冲形成网络和延迟线等储能设备来实现。

发射机需要冷却设备来散热。因为发射机效率通常小于 35%,所以发射机产生的热量通常比输出功率高两倍。

3. 射频电源

选择发射机射频电源要考虑许多因素,包括输出功率、频率、工作带宽、效率、增益、稳定性以及噪声。许多非相参雷达将电源作为振荡器使用,而相参雷达通常将电源作为放大器使用。常见射频电源的主要特点如表 2.2 所示[11,12]。

表 2.2　常见射频电源的主要特点[11]

射频电源	频率范围/GHz	带宽/%	脉冲峰值功率/MW	占空比/%
磁控管振荡器	1~90	0.1~2	10	1~10
交叉场放大器	1~30	10~20	5	1~10
三极真空管	0.1~1	2~10	5	1~10
速调管	0.1~300	5~10	10	1~10
行波管(耦合腔)	1~200	10~20	0.25	1~10
固态放大器	0.1~20	20~40	0.01~1	20~50

（1）磁控管为正交电场微波真空管，其产生的电场和磁场互相垂直。磁控管作为脉冲振荡器，可以产生高功率固定频率的简单脉冲。虽然磁控管产生的信号带宽较窄，但其可在带宽的 1‰～15‰ 范围内对信号带宽进行快速调整。尽管注入同步锁相后磁控管具有一定的相参度，但其主要还是在非相参雷达中应用。

（2）正交场放大器的电场和磁场相互垂直，其作为微波放大器时功率较高、增益适中（典型值为 15dB）。正交场放大器在相参雷达中使用，它能够提供大的信号带宽，但相位噪声较高。

（3）三级真空管在 VHF 和 UHF 频段下作为功率放大器具有较好的相位稳定性和较高的峰值功率。

（4）速调管为线性波束真空管，具有与管轴平行的电场和磁场。电子束和射频场沿管长方向相互作用。速调管可以在整个雷达频段工作，峰值功率和平均功率较高，相位稳定性高，增益高达 40～60dB。

（5）行波管也是线性波束真空管，其增益高、带宽大、相位稳定性好。耦合腔行波管能够提供的功率适中（峰值功率为 250kW），而螺旋线行波管提供的输出功率较低（峰值功率为 20kW），它支持 2～3 倍频的信号带宽。行波管经常在发射机激励阶段使用，该阶段需要较高的输出功率。

（6）固态放大器工作电压低，占空比高，稳定性好，信号带宽高达工作中心频率的 50％。典型的固态放大器是氮化镓（GaN）高电子迁移率晶体管（high electron mobility transistor，HEMT）。单个固态放大器的发射功率在 10～1000W，发射功率随着频率的增加而降低。为了增加发射功率，可采用多个固态放大器。固态放大器经常用于相控阵雷达的发射/接收组件中（详见 2.4 节）。

2.3　接　收　机

1. 接收机噪声温度

接收机产生的噪声用接收机输入端的噪声温度 T_R 来描述。接收机噪声温度是系统噪声温度 T_S 的一部分，T_S 用于计算信噪比（详见 3.2 节）。

接收机噪声功率 P_R 与 T_R 相关，具体可表示为

$$P_R = kT_R B_R, \quad T_R = \frac{P_R}{kB_R} \tag{2.22}$$

式中，k 为玻尔兹曼常数，$k = 1.38 \times 10^{-23}$ J/K；B_R 为接收机带宽。

接收机噪声系数（也称为噪声因子）F_R 与 T_R 相关（图 2.4），具体可表示为

$$F_R = \frac{T_R}{290} + 1, \quad T_R = 290(F_R - 1) \tag{2.23}$$

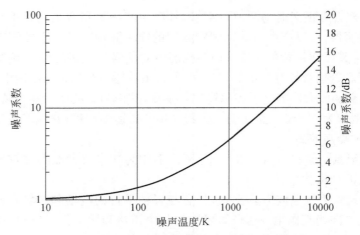

图 2.4　噪声系数与噪声温度之间的关系

接收机噪声电平通常由接收机第一级电路的噪声决定,因为第一级电路的噪声放大倍数最大。因此,接收机第一级通常采用低噪声放大器(low noise amplifier,LNA)。

接收机各级电路对噪声温度 T_R 的影响效果可表示为

$$T_R = T_1 + \frac{T_2}{G_1} + \frac{T_3}{G_1 G_2} + \cdots \qquad (2.24)$$

式中,T_1、T_2 和 T_3 分别为第一、第二和第三级电路的噪声温度;G_1 和 G_2 分别为第一级和第二级电路的增益。

总的噪声系数可表示为

$$F = F_1 + \frac{F_2 - 1}{G_1} + \frac{F_3 - 1}{G_1 G_2} + \cdots \qquad (2.25)$$

式中,F_1、F_2 和 F_3 分别为各级电路对应的噪声系数。

接收机动态范围为接收机允许线性放大的信号电平的范围,通常定义为噪声电平与信号被压缩 1dB 时对应电平之间的这一范围[13]。信号电平超过动态范围时会对干扰与信号分离造成不利影响。接收机采用各种增益控制方法以使信号保持在动态范围内,这些增益控制方法包括以下三种:

(1) 手动增益控制。

(2) 自动增益控制(automatic gain control,AGC):降低增益以避免接收机饱和。

(3) 灵敏度时间控制(sensitivity time control,STC):用来降低近程增益以避免近程目标回波幅度过大。

2. 接收机组成

典型超外差接收机组成如图 2.5 所示。输入信号先在低噪声放大器中被放大,然后与激励器的稳定本机振荡器信号混频以产生中频信号。中频放大器对信号进行滤波,选通频段内的信号,滤除频段外的噪声和欺骗信号。

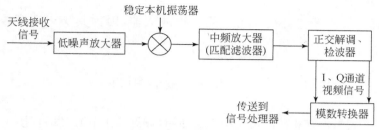

图 2.5 接收机组成

图 2.5 中,接收机采用主控振荡器的相参本机振荡器将中频信号转换成同向(I)、正交(Q)分量信号和视频信号。这些信号被数字化后输入信号处理器中做进一步处理。数字化的位数在 6～14 位,具体值取决于量化误差和动态范围。I、Q通道信号的采样率须大于信号带宽。获得 I、Q 通道信号后即获得了信号的幅度和相位。

对于有些接收机,信号处理器直接对输入的模拟中频信号进行模拟处理(详见 2.5 节)。另外,信号可能在中频或者射频被数字化。在许多非相参接收机中,中频放大器的输出信号直接用于信号检测。

一些雷达仅采用一个接收通道,而有些雷达采用多个接收通道以实现多种功能。多个接收通道包括以下四种类型:

(1) 用于目标检测和单脉冲测量的和通道。

(2) 用于目标角度测量的单脉冲差通道。方位角、俯仰角测量各采用一个差通道(详见 2.1 节)。

(3) 用于干扰抑制的旁瓣消隐或旁瓣对消的辅助通道(详见 4.7 节)。

(4) 双极化接收通道(详见 2.1 节)。

3. 低噪声放大器

低噪声放大器包括以下五种类型[14]:

(1) 晶体管放大器。晶体管放大器简单、噪声低,广泛用于现代雷达中。在微波频段范围内,砷化镓场效应晶体管(GaAsFET)、放大器和高电子移动晶体管的噪声温度在 100～300K,增益约为 30dB。

(2) 隧道二极管放大器。隧道二极管放大器为负阻设备,增益适中,噪声温度约为 500K。

(3) 参量放大器。参量放大器也为负阻设备。不采用冷却措施时,噪声温度为 100～300K。当采用 77K 的液氮冷却时,噪声温度小于 50K。然而,参量放大器这种大型复杂设备主要用于射电天文仪器和类似应用中，很少用于雷达。

（4）行波管放大器。行波管放大器带宽大（1～2 倍频）、增益高（40dB）、噪声温度在 300K 以下。

（5）真空管。真空管很少用于低噪声放大器，因为其噪声温度较高，量级为 1000K。

2.4　发射/接收组件

发射/接收组件在相控阵雷达中广泛使用（详见 2.1 节）。发射/接收组件通常为固态设备，包括发射机、低噪声放大器、移相器、衰减器和信号发射与接收转换开关。

发射/接收组件直接与天线辐射阵元连接，可以避免发射阶段的移相器损耗和低噪放大之前的损耗，从而使得组件损耗较低。发射/接收组件可使用多个低功率放大器来提供高发射功率，而无需采用功率叠加电路。

在大多数相控阵雷达中，每个阵元后面接一个发射/接收组件，也可能两个或多个阵元共用一个发射/接收组件或者一个阵元后面接两个或多个发射/接收组件。

雷达总的峰值发射功率和平均发射功率可分别表示为

$$P_P = n_M P_{PM}, \quad P_A = n_M P_{AM} \tag{2.26}$$

式中，n_M 为发射/接收组件数量；P_{PM} 和 P_{AM} 分别为单个发射/接收组件的峰值功率和平均功率。接收机噪声温度 T_R 等于发射/接收组件噪声温度 T_{RM}。

1. 发射/接收组件组成

图 2.6 为典型发射/接收组件的组成框图。在信号发射期间，主控振荡器的信号输入到衰减器和移相器（衰减器和移相器由计算机控制，以形成特定的发射波束）。然后，信号在功率放大器中放大，并由循环器输入阵元中。

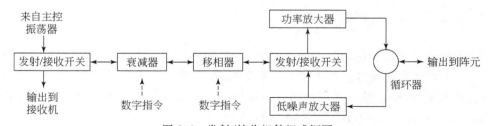

图 2.6　发射/接收组件组成框图

在信号接收期间，首先，阵元接收信号由循环器输入低噪声放大器；然后，这些信号输入移相器和衰减器（为了形成特定的接收波束，移相器和衰减器的设置可能与发射时不同）；最后，各阵元接收信号在接收机中进行加权组合。

2. 发射/接收组件部件

固态发射/接收组件的主要部件包括以下六种[15]：

（1）发射机。发射机通常是一个固态放大器，其输出功率由晶体管输出功率决定。输出峰值功率与雷达工作频段有关，通常在 10～1000W（详见 2.2 节）。

（2）接收机。接收机通常采用砷化镓场效应晶体管或高电子移动晶体管，晶体管噪声温度在 100～300K（详见 2.3 节）。

（3）循环器。循环器将发射机信号输入阵元，将阵元接收信号输入低噪声放大器。为了保护接收机，雷达可能还会使用一些其他设备。

（4）移相器。移相器通常是一个二进制设备。对于典型的 4 位移相器，其可以对信号相位进行 $180°$、$90°$、$45°$、$22.5°$增量调整。相位增量调整通过使用二极管开关来控制信号输入、输出的延时线长度，可实现对信号相位的调整。

（5）信号衰减器。信号衰减器也是二进制设备，它主要控制信号输入和输出的衰减量。

（6）二极管开关。二极管开关用于控制信号在衰减器和移相器中的输入和输出。

衰减器可用于孔径加权。为了使发射功率最大，雷达发射信号通常不使用衰减器对信号进行加权。雷达采用衰减器对接收信号进行加权以降低旁瓣信号电平（详见 2.1 节）。这种加权可视为孔径效率损耗。

发射/接收组件封装在一个盒子中，盒子放置与阵面上的阵元放置一致（对于全视场阵列，盒子间距约为 0.6λ，详见 2.1 节）。发射/接收组件可以直接安装在天线阵面后方，并且在垂直于阵面方向上具有一定的长度（这相当于发射/接收组件的第三维）。发射/接收组件的这种组成结构称为砖块式结构。

子阵的发射/接收组件由积分电路、中继线、电源的多个薄层制作而成。因为这种组件厚度较小，所以其组成结构称为瓦片式结构。这种瓦片式结构适用于飞机表面使用的共形天线阵。

2.5　信号处理与数据处理

雷达信号处理和数据处理采用的方法取决于雷达实现的功能和输出的特性。搜索雷达可能只检测信号并显示中频信号幅度，处理方法较为简单。多功能雷达处理过程较为复杂，通常要根据其功能来配置相应的处理器。

1. 处理方法

雷达信号处理与数据处理方法包括以下九种：

（1）波形生成。波形包括简单脉冲和脉冲压缩波形（线性调频波形、相位编码波形）。

（2）匹配滤波。对于简单脉冲波形，通常将带通接收作为匹配滤波器。脉冲压缩波形通过匹配滤波获得脉冲压缩增益，从而实现距离高分辨（详见 5.1 节）。

（3）杂波抑制。抑制地、海杂波的技术有动目标显示（详见 5.2 节）、脉冲多普勒处理（详见 5.3 节）和空时自适应处理（详见 5.3 节）等。这些方法主要对相参雷达的两个或多个脉冲回波进行处理，其中，空时自适应处理需要对多个阵元回波进行处理。

（4）脉冲积累。脉冲积累通过对多个连续脉冲回波信号进行叠加来提高信噪比（详见 3.2 节）。非相参积累只对信号幅度进行叠加；相参积累对信号幅度和相位都进行叠加。

（5）目标检测。目标检测先设置一个门限值，然后将超过门限值的信号判定为目标。此门限值的设置需要考虑背景噪声的统计特性，设置门限主要是为了防止将噪声误判为目标信号，使虚警概率保持在一个较低的水平。干扰条件下，恒虚警率（constant false alarm rate，CFAR）技术通过调整门限值以保持恒定的虚警概率（详见 3.3 节）。

（6）目标测量。目标参数测量包括距离、方位角和俯仰角的测量。目标径向速度可通过连续的距离测量或多普勒频移计算得到（详见 3.5 节）。目标一些特征参数的测量可为目标分类提供支撑，如雷达截面积、径向长度和多普勒谱（详见 5.5 节）。

（7）目标跟踪。跟踪滤波器利用连续的目标测量结果来估计目标航迹。跟踪滤波器关键参数可固定，也可根据目标特征进行调整。多目标跟踪时，雷达需要将目标回波信号与当前目标航迹进行关联或建立一个新的航迹（详见 3.6 节）。

（8）图像生成。移动雷达对固定目标观测或固定雷达对运动目标观测时，通过对多个脉冲回波信号进行相干处理，可对目标进行二维成像。合成孔径雷达和逆合成孔径雷达（inverse synthetic aperture radar，ISAR）都能实现目标二维成像，其常用于生成地形图（详见 5.4 和 5.5 节）。

（9）旁瓣消隐和旁瓣对消。这两种技术用来抑制干扰。它们利用辅助天线和对应的辅助接收通道来感知干扰信号，然后通过消隐逻辑电路或相干加权来消除主通道的干扰信号（详见 4.7 节）。

2. 模拟处理技术

模拟处理技术在传统雷达系统中广泛使用，而在新体制雷达系统中较少使用。模拟技术包括以下七种：

（1）波形生成。波形生成时使用信号选通（对于简单脉冲）或分散设备（如用于线性调频波形的表面波延迟线和用于相编码波形的切换延迟线)(详见 5.1 节)。

（2）匹配滤波。匹配滤波使用带通滤波器、分散设备和切换延迟线。

（3）延迟线和信号选通。两者可用于实现动目标显示和脉冲积累。

（4）滤波器组。滤波器组用于多普勒频率测量和脉冲多普勒处理。

（5）模拟反馈。模拟反馈技术用于恒虚警率检测（详见 3.3 节）和旁瓣对消（详见 4.7 节）。

（6）闭环伺服。闭环伺服技术用于目标跟踪。

（7）光学技术。光学技术用于合成孔径雷达图像生成。

3. 数字处理技术

模拟技术在稳定性、精度和灵活性等方面性能有限，难以满足多功能相参雷达的需求。因此，数字信号处理技术在现代雷达中广泛使用。

主控振荡器采用数字频率合成器生成数字波形，合成器可以在数字处理器控制下变换波形。

相参雷达根据参考信号先将接收机中频放大器输出信号数字化后得到同相分量和正交分量信号，然后用数字处理实现相应的雷达功能。这些雷达功能包括以下三种[16]：

（1）信号处理初始阶段实现的一些功能或方法，如匹配滤波、动目标显示、脉冲多普勒处理或空时自适应处理、脉冲积累和门限设置。这些功能主要是为了改善信噪比、抑制干扰和发现潜在目标。这些方法需要对数据进行实时处理，要求计算效率高达每秒 $10^9 \sim 10^{12}$ 次，雷达采用常规的数字处理器即可满足要求。

（2）提取潜在目标的相关信息，如目标位置、速度、角度。目标信息提取涉及的数据率一般，通用数字处理器即能满足要求。

（3）数据处理，即综合多次观测的目标数据以生成目标航迹和其他信息。这一阶段的计算效率为每秒 $10^6 \sim 10^9$ 次，通用处理器即可满足要求。

数字信号处理软件需要高效的算法才能实现相应的功能。这些算法包括以下四种：

（1）有限长单位冲激响应（finite impulse response，FIR）滤波器。

（2）自动和横向关联。

（3）快速傅里叶变换（fast Fourier transform，FFT）。

（4）矩阵求逆和其他矩阵运算。

第 3 章 雷 达 性 能

3.1 雷达截面积

一个目标的雷达截面积等于单位立体角目标在雷达接收天线方向上反射的功率(每单独立体角)与入射到目标处的功率密度(每平方米)之比。雷达截面积通常用 σ 表示,单位为 dBsm 或 dBm^2(详见 6.3 节)。

目标雷达截面积取决于目标结构(形状和材料)、雷达工作频率、雷达极化方式和雷达观测角。雷达截面积通常与目标尺寸相关,但是平面目标具有较强的镜反射回波,而赋形、涂覆雷达吸波材料(radar absorbing material,RAM)和采用非金属材料等隐身技术可以大大降低目标雷达截面积(表 3.1)。

表 3.1 常见目标的雷达截面积典型值

目标类型	雷达截面积/m²	雷达截面积/dBsm
昆虫或鸟	$10^{-5} \sim 10^{-2}$	$-50 \sim -20$
人	$0.5 \sim 2$	$-3 \sim 3$
小飞机	$1 \sim 10$	$0 \sim 10$
大型飞机	$10 \sim 100$	$10 \sim 20$
小车或卡车	$100 \sim 300$	$20 \sim 25$
舰船	$200 \sim 1000$	$23 \sim 30$

目标雷达截面积可通过实验测量或计算机建模得到,这两种方法代价都较高,都需要目标的详细信息,并且需要根据雷达工作频率和雷达观测角生成大量数据。

1. 雷达截面积模型

目标雷达截面积的一些特性可用一些简单的模型来描述。根据雷达波长 λ 与目标尺寸的相对关系,可分三个区域来描述目标雷达截面积(图 3.1)[17]。

(1)瑞利区。在此区域,目标尺寸 a 远小于信号波长,目标雷达截面积与雷达观测角度关系不大,与雷达工作频率的 4 次方成正比,a 取值上限为 λ / π。目标雷达截面积与雷达工作频率、波长之间的关系为

$$\sigma \propto f^4, \quad \sigma \propto \lambda^{-4}, \quad a < \frac{\lambda}{\pi} \tag{3.1}$$

(2)谐振区。在此区域,波长与目标尺寸相当。目标雷达截面积随着频率变

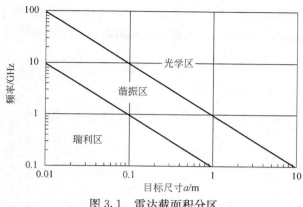

图 3.1 雷达截面积分区

化而变化,变化范围可达 10dB。由于目标形状的不连续性,目标雷达截面积随着雷达观测角的变化而变化。

(3) 光学区。在此区域,目标尺寸大于信号波长。a 的下限值通常比瑞利区 a 的上限值高一个数量级,此区域 a 的取值范围为

$$a > \frac{10\lambda}{\pi} \tag{3.2}$$

在此区域,简单形状目标的雷达截面积可以接近它们的光截面。然而,复杂目标的雷达截面积由其多个散射点相干合成形成。

对于处于光学区的目标,目标或雷达移动会造成雷达视线角变化,从而造成散射点之间距离变化,最终导致目标雷达截面积发生变化。为了使两次观测的目标雷达截面积相互独立或不相关,两次观测对应的雷达观测角差值需满足

$$\Delta\alpha \geqslant \frac{\lambda}{2a} \tag{3.3}$$

式中,a 为目标横向尺寸(图 3.2)。

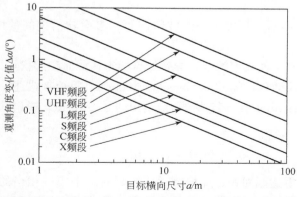

图 3.2 不同频段下,独立观测所需的最小观测角度变化值与目标横向尺寸之间的关系

当雷达工作频率变化时,散射点之间的波数会发生变化。为了使两次观测的目标雷达截面积独立或不相关,两次观测对应的雷达工作频率差值需满足

$$\Delta f \geqslant \frac{c}{2a} \tag{3.4}$$

式中,a 为目标纵向尺寸(图 3.3)[5]。

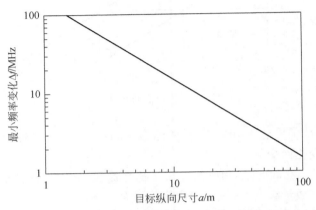

图 3.3　目标回波独立所需的最小频率变化值与目标纵向尺寸之间的关系

2. Swerling 雷达截面积起伏模型

Swerling 目标雷达截面积起伏模型描述了雷达截面积是否相关的两种极端情况[18]:

(1) 驻留期间完全相关。在这种情况下,一次驻留或观测期间的所有脉冲回波完全相关,下一次观测期间的脉冲回波与本次观测期间的脉冲回波不相关。旋转搜索雷达观测信号可能属于这种情况(详见 3.4 节),即一次扫描内的目标回波完全相关,但在扫描与扫描间的目标回波不相关,这种情况通常称为扫描-扫描间去相关。

(2) 脉冲-脉冲间去相关。一次驻留期间和多次驻留期间的所有脉冲回波都不相关。

雷达观测角和工作频率的变化导致的目标雷达截面积起伏可以通过目标雷达截面积概率密度函数(probability density function,PDF)来描述。目前,描述各类起伏目标雷达截面积的 PDF 较多[18],最常用的是 Swerling 提出的两种模型,第一种模型为

$$p(\sigma) = \frac{1}{\sigma_{av}} \exp\left(-\frac{\sigma}{\sigma_{av}}\right) \tag{3.5}$$

式中,σ_{av} 为平均雷达截面积。此模型适用于具有多个幅度相当的散射点的目标。目标雷达截面积服从上述指数 PDF 时,目标信号电平服从瑞利分布,因此这类目

标称为瑞利目标。

第二种模型为

$$p(\sigma) = \frac{4\sigma}{\sigma_{av}^2} \exp\left(-\frac{2\sigma}{\sigma_{av}}\right)$$ (3.6)

这种 PDF 适用于描述具有一个强散射点和多个小散射点的目标雷达截面积。它可以表示从不同方位对瑞利目标观测的雷达截面积。

两种去相关和两个 PDF 的交叉组合可形成 4 类 Swerling 目标雷达截面积起伏模型,非起伏目标称为 Swerling 0 或 Swerling 5 型目标(表 3.2),非起伏目标的雷达截面积为一固定值。

表 3.2　Swerling 目标雷达截面积起伏模型

概率密度函数和目标类型	扫描间去相关	脉冲间去相关
$p(\sigma) = \frac{1}{\sigma_{av}} \exp\left(-\frac{\sigma}{\sigma_{av}}\right)$ 多个相当的散射点	Swerling 1	Swerling 2
$p(\sigma) = \frac{4\sigma}{\sigma_{av}^2} \exp\left(-\frac{2\sigma}{\sigma_{av}}\right)$ 一个强散射点和多个小散射点	Swerling 3	Swerling 4
非起伏	Swerling 0 或 Swerling 5	

3. 镜面散射

目标金属平面或曲面在表面法线方向上会产生较大的镜面散射雷达截面积值。面积为 A_P 的平板的镜面散射雷达截面积值为[19]

$$\sigma = 4\pi \frac{A_P^2}{\lambda^2}$$ (3.7)

式中,λ 为雷达波长。镜面散射对应的角度宽度 θ_S 约为

$$\theta_S = \frac{\lambda}{W_S}$$ (3.8)

式中,W_S 为镜面散射平面内反射平板的尺寸。

半径为 R_S、高度为 W_S 的圆柱体法线方向的镜面散射雷达截面积为[20]

$$\sigma = 2\pi \frac{R_S W_S^2}{\lambda}$$ (3.9)

圆柱体高度平面内镜面散射的角度宽度可由式(3.8)计算得到。

角反射器也称为折回反射器,由三个彼此垂直的平面组成。它们经常用于雷达测试与校准。对于单站雷达,角反射器的雷达截面积值较大,可近似计算为

$$\sigma \approx 4\pi \frac{A_{CR}}{\lambda^2}$$ (3.10)

式中,A_{CR} 为角反射器的投影面积[21]。

4. 极化

目标的散射特性与雷达的发射、接收极化有关。对于线极化,目标散射信号极化通常与入射信号极化一致,因此雷达发射、接收通常采用相同的线极化。当目标的线性结构与信号的线极化方向一致时,目标具有较大的雷达截面积。当雷达接收线极化与发射线极化正交时(此时称为交叉极化),目标的雷达截面积值通常较小,但这个雷达截面积值可以反映目标的结构信息。

对于圆极化,目标散射信号的极化通常与入射信号极化相反,因此雷达通常采用相反的发射极化与接收极化(详见 2.1 节),但同圆极化接收信号仍可反映目标的结构特性。对于球形目标,其回波极化与发射信号极化完全相反,为此雷达可采用同圆极化接收来抑制球形目标回波(如雨滴),但是这样也降低了非球形目标的回波强度(详见 4.5 节)[17]。

5. 隐身

用于降低雷达截面积的隐身技术包括以下三种类型:

(1) 赋形。金属目标将入射波能量朝各个方向散射。赋形可以降低目标在雷达方向的散射能量,同时增加了目标在其他方向的散射能量。

(2) 雷达吸波材料。金属表面覆盖一层能够吸收电磁波的材料,从而降低目标反射电磁波的能量。

(3) 非金属材料。这种材料的介电常数远小于金属的介电常数,从而使电磁波可以部分穿透目标,达到降低目标反射信号能量的目的。

6. 双站雷达截面积

通常情况下,目标的双站雷达截面积与单站雷达截面积相当(一些特殊形状目标除外)。双站角 β 为发射机的目标观测角与接收机的目标观测角之和(图 1.2 中的 $\alpha_T + \alpha_R$)。对于一般的光滑目标,中等双站角下,采用频率为 f 测得的目标双站雷达截面积等于采用频率为 f 在双站角度的等分线方向测得的单站目标雷达截面积。

双站角在 180° 附近时,目标双站雷达截面积通常较大,雷达截面积值可由式(3.7)计算得到。此时,式(3.7)中的 A_P 为目标投影面积。式(3.8)给出的角度范围内的前向散射较强,此双站雷达截面积即为镜面散射雷达截面积。

3.2　信　噪　比

1. 雷达距离方程

信噪比(缩写为 S/N 或 SNR)是衡量雷达性能的关键参数,它决定了雷达检测、测量和跟踪目标的性能。

信噪比定义为接收机输出的信号功率与噪声功率之比。它可以通过雷达距离方程计算得到。雷达距离方程将信噪比与雷达、目标关键参数联系起来，具体关系可表示为

$$\frac{S}{N} = \frac{P_P G_T \sigma A_R \text{PC}}{(4\pi)^2 R^4 B k T_S L} \tag{3.11}$$

式中，P_P 为雷达发射机输出峰值功率；G_T 为发射天线增益；σ 为目标雷达截面积；A_R 为接收天线有效孔径面积；PC 为使用脉冲压缩波形时的信号处理增益，对于固定频率脉冲，PC=1(详见 5.1 节)；R 为雷达与目标之间的距离；B 为雷达信号带宽；k 为玻尔兹曼常数；T_S 为接收天线输出处的系统噪声温度；L 为雷达系统损耗。

雷达通常采用与接收信号匹配的滤波器来对接收信号进行处理以使信噪比最大。匹配滤波器的频率响应为接收信号频谱的复共轭，因此匹配滤波器的带宽与信号带宽相同。当使用匹配滤波器时，信噪比等于接收机输入端的信号能量与单位带宽内的噪声功率之比，即

$$\frac{S}{N} = \frac{P_P \tau G_T \sigma A_R}{(4\pi)^2 R^4 B k T_S L} \tag{3.12}$$

式中，τ 为波形持续时间。式(3.12)表明了信噪比与波形能量 τP_P 之间的关系。

当用接收天线增益 G_R 来代替接收天线有效孔径面积 A_R 时，式(3.12)可改写为

$$\frac{S}{N} = \frac{P_P G_T \sigma G_R \lambda^2 \text{PC}}{(4\pi)^3 R^4 B k T_S L} \tag{3.13}$$

或

$$\frac{S}{N} = \frac{P_P \tau G_T \sigma G_R \lambda^2}{(4\pi)^3 R^4 k T_S L} \tag{3.14}$$

当 $G_T = G_R$ 时，式(3.13)和式(3.14)中的 $G_T G_R = G^2$。

式(3.14)中，R 为单站雷达与目标之间的距离。对于双基地雷达，R^4 将替换为 $R_T^2 R_R^2$，其中 R_T 为雷达发射天线到目标的距离，R_R 为目标到雷达接收天线的距离(图 1.2)。

对于连续波雷达，B 为接收机带宽，$\tau = 1/B$ 为接收机积累时间。

2. 系统损耗

系统损耗 L 包含以下四个方面的损耗：

(1) 从发射机输出处(或发射功率测量处)到发射天线的发射微波损耗。

(2) 从发射天线到目标、从目标到接收天线的双向传输损耗。这些损耗包括大气衰减损耗(详见 4.1 节)、雨衰减损耗(详见 4.2 节)及电离层损耗(详见 4.6 节)。

(3) 相控阵天线的双向侧面扫描损耗(详见 2.1 节)。

(4) 信号处理损耗，包括匹配滤波器失配、量化误差、累积损耗、跨距离或多普

勒单元、信号失真以及恒虚警率处理损耗。

发射和接收天线损耗包括欧姆损耗和孔径效率损耗,它们通常体现在天线增益和有效孔径面积中。如果在天线增益和有效孔径面积中没有考虑这些损耗,那么这些损耗就应该在系统损耗中考虑。从接收天线到接收机噪声温度测量点的任何微波损耗也应该包含在系统损耗中。

当单个损耗用功率比值来表示时,多个损耗相乘即可得到系统损耗,此时系统损耗也是一个功率比值。当这些损耗用 dB 来表示时,多个损耗相加即可得到系统损耗,此时系数损耗单位为 dB。

3. 系统噪声温度

系统噪声温度通常在接收天线输出端进行定义,它是四个分量之和。

(1) 天线观测到的噪声温度。对于地基雷达,当雷达对地观测时,雷达天线方向图对应的温度为 290K;当雷达对空观测时,噪声主要来自大气吸收和宇宙辐射,当雷达工作在 $1\sim10$ GHz 频段时,天空温度在 $10\sim100$ K 范围内[22]。考虑到雷达对空观测时,天线旁瓣会照射到地面,因此噪声温度 T_A 将处于上述温度之间,通常为 200K。接收天线欧姆损耗和孔径效率损耗会降低噪声温度,最终噪声温度可表示为 $T_A/(L_O L_E)$。

(2)接收天线欧姆损耗导致的噪声温度。其等于 $290(L_O-1)$。接收天线欧姆损耗和孔径效率损耗同样会降低这个噪声温度,降低后的噪声温度可表示为 $290(L_O-1)/L_O L_E$。

(3) 从接收天线(或系统噪声温度指定点)到接收机的微波线导致的损耗 L_M 造成的噪声温度。其等于 $290(L_M-1)$。

(4) 微波损耗因子导致的噪声温度。其等于 $T_R L_M$。

最终,在接收天线输出端产生的系统噪声温度为

$$T_S = \frac{T_A}{L_O L_E} + \frac{290(L_O-1)}{L_O L_E} + 290(L_M-1) + T_R L_M \tag{3.15}$$

对于天线损耗和微波损耗较小的雷达,式(3.15)可近似为

$$T_S \approx T_A + T_R, \quad L_O, L_E, L_M \approx 1 \tag{3.16}$$

式(3.16)适用于使用发射/接收组件的相控阵雷达。

4. 脉冲积累

通过对两个或多个脉冲回波信号进行积累可提高信噪比。脉冲积累分为相参积累和非相参积累两种(图 3.4)。

相参积累也称为检波前积累,在射频、中频和视频阶段都可以进行。相参积累的前提条件是:

(1)雷达是相参雷达。

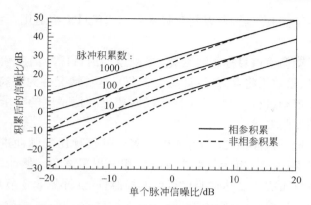

图 3.4　脉冲积累数不同时,相参和非相参积累后的信噪比与单脉冲信噪比之间的关系[5]

（2）目标是稳定目标,能够产生相参回波信号。这类目标包括 Swerling 1、Swerling 3 目标和非起伏目标。

（3）稳定的传播路径。这一点通常满足,除雷达工作在低频段外（雷达工作在低频时,电离层可导致信号起伏变化,详见 4.6 节）。

相参积累增加了信噪比,积累后的信噪比可表示为

$$\left(\frac{S}{N}\right)_{CI} = n\frac{S}{N} \tag{3.17}$$

式中, $(S/N)_{CI}$ 为相参积累后的信噪比; n 为相参积累脉冲数; S/N 为单个脉冲的信噪比。

具有一定径向速度的目标,其多普勒频移使得多个脉冲回波之间存在相位偏移,从而使得多个脉冲回波不能直接进行相参积累。如果目标径向速度已知,那么雷达可对多个脉冲之间的相位偏移进行补偿,补偿后即可进行相参积累。当目标径向速度未知时,雷达可以先估计目标径向速度,然后再进行相位补偿和相参积累,或采用脉冲多普勒对多个脉冲回波进行处理（详见 5.3 节）。

非相参积累也称为检波后积累,其对雷达接收机检波或解调之后的多个脉冲回波进行相加（此时的多个脉冲回波不再有相位信息）。多个脉冲信号的检波损耗 L_D 可表示为[10]

$$L_D = \frac{1+\dfrac{S}{N}}{\dfrac{S}{N}} \tag{3.18}$$

当对 n 个脉冲进行非相参积累时,积累后的信噪比 $(S/N)_{NI}$ 为

$$\left(\frac{S}{N}\right)_{NI} = \frac{n\left(\dfrac{S}{N}\right)^2}{1+\dfrac{S}{N}} \tag{3.19}$$

因为非相参积累在检波之后,所以其对起伏或非起伏目标都适用,且对频率或相位稳定性没有要求。

目标径向运动会使得目标距离变化,当积累期内目标距离变化大于雷达距离分辨率时,脉冲积累效果将会降低(详见 5.1 节),这种情况称为距离走动。在信号处理时可对距离走动进行补偿,且对目标径向速度补偿精度的要求低于对相参积累中相位补偿精度的要求。

因为低信噪比下检波损耗较大,所以对多个低信噪比的脉冲进行非相参积累后难以获得高信噪比。非相参积累增益低于相参积累增益。然而,对少数几个脉冲进行非相参积累可提高雷达对起伏目标的检测性能(详见 3.3 节)。

3.3 检　　测

雷达检测是指对雷达接收信号进行处理以判断背景噪声中是否有目标信号存在。背景噪声和目标信号均具有随机性,因此检测是一个统计过程。

实现检测的方法通常是设置一个门限以剔除大多数噪声样本,超过门限的信号即认为是目标信号,若目标信号没有超过门限,则目标将检测不到。当噪声样本超过门限时会产生虚警。检测性能由检测概率和虚警概率来表征。检测性能取决于目标信号特性、噪声特性以及信噪比。

1. 虚警

通常假设背景噪声为高斯白噪声,噪声频谱较平坦,其幅度概率密度函数服从瑞利分布,其功率概率密度函数服从指数分布。

对于单次观测,雷达虚警概率可表示为

$$P_{FA} = e^{-Y_T} \tag{3.20}$$

式中,Y_T 为经噪声平均功率归一化后的检测门限。通过调整门限值可以得到期望的虚警概率,门限与虚警概率之间的关系可表示为

$$Y_T = \ln \frac{1}{P_{FA}} \tag{3.21}$$

对于多次观测,雷达虚警概率没有闭合解析表达式,此时门限可根据虚警概率通过递归计算得到。

雷达接收机采样率等于噪声带宽时,可获取独立的噪声样本。当雷达采用匹配滤波时,采样率通常等于信号带宽或脉冲压缩后脉宽的倒数(详见 5.1 节)。对于连续运行的接收机,虚警率 r_{FA} 为

$$r_{FA} = P_{FA} B \tag{3.22}$$

虚警产生的平均时间 t_{FA} 为

$$t_{FA} = \frac{1}{r_{FA}} = \frac{1}{P_{FA}B} \tag{3.23}$$

雷达根据噪声电平来设置门限值,以得到一个可接受的虚警概率。恒虚警率(CFAR)技术根据噪声电平和当前虚警概率来自动调整门限。当存在人为释放的有源干扰时,这种门限自动调整至关重要(详见 4.7 节)。

2. 单脉冲检测

检测概率是关于目标信噪比的积分函数,计算比较复杂。检测概率计算方法可参见文献[23]。雷达对 Swerling 起伏目标检测概率的计算较为常见(详见 3.1 节)。对于 Swerling 起伏目标,信噪比是随机数,它的均值与目标雷达截面积均值相关。Swerling 起伏目标和非起伏目标的检测概率与信噪比之间的关系如图 3.5～图 3.7 所示。

对于单次观测,雷达对 Swerling 1 和 Swerling 2 型目标的检测概率相同,雷达对 Swerling 3 和 Swerling 4 型目标的检测概率相同。不同虚警概率下,雷达对不同 Swerling 目标的检测概率与单个脉冲所需的信噪比之间的关系如图 3.5～图 3.7 所示。

3. 相参积累检测

相参积累针对相参雷达的稳定目标回波。稳定目标主要指 Swerling 1 和 Swerling 3 型目标和非起伏目标(详见 3.1 节)。相参积累对 Swerling 2 和 Swerling 4 型目标等脉冲-脉冲起伏目标不适用,而非相参积累对 Swerling 2 和 Swerling 4 型目标适用。

将多个脉冲回波相参积累后产生一个观测值,积累后的检验统计量与单个脉冲的相同,只是信噪比是考虑信号处理损耗和相参积累后的信噪比。雷达对 Swerling 1、Swerling 3 和 Swerling 0 型起伏目标的检测概率与相参积累后信噪比之间的关系分别如图 3.5～图 3.7 所示。

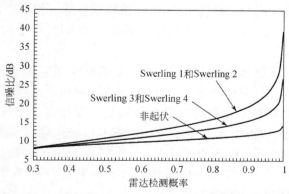

图 3.5　单脉冲或多个脉冲相参积累后的信噪比与雷达检测概率之间的关系[5]（$P_{FA} = 10^{-4}$）

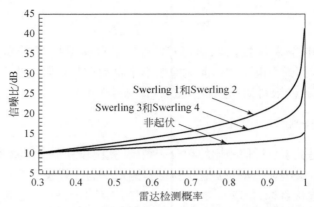

图 3.6　单脉冲或多个脉冲相参积累后的信噪比与雷达检测概率之间的关系[5]（$P_{FA} = 10^{-6}$）

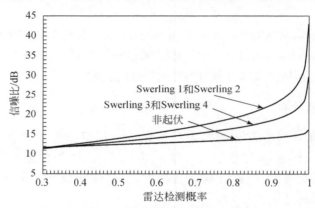

图 3.7　单脉冲或多个脉冲相参积累后的信噪比与雷达检测概率之间的关系[5]（$P_{FA} = 10^{-8}$）

4. 非相参积累检测

非相参积累对起伏和非起伏目标均适用。

（1）对于慢起伏或非起伏目标，非相参积累增益低于相参积累增益（详见 3.2 节）。在检测概率一定情况下，随着脉冲积累数 n 的增加，单个脉冲所需信噪比的降低倍数大于 $1/n$。

（2）对于快起伏目标，当 n 较小时，非相参积累后，在检测概率一定情况下，单个脉冲所需的信噪比下降倍数小于 $1/n$，非相参积累对应的单个脉冲所需的信噪比低于相参积累对应的单个脉冲所需的信噪比。非相参积累脉冲数通常为 5～20。随着检测概率的增加，雷达单个脉冲所需的信噪比降低越来越明显，且检测 Swerling 2 目标时所需信噪比的下降效果比检测 Swerling 4 目标时的更加明显。

图 3.8～图 3.22 给出了不同检测概率、不同虚警概率下，单个脉冲所需的信噪比与非相参积累脉冲数之间的关系。

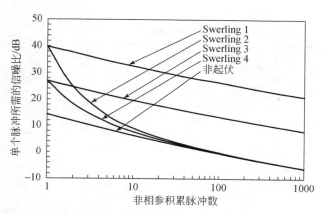

图 3.8 单个脉冲所需的信噪比与非相参积累脉冲数之间的关系（$P_{D} = 0.999$、$P_{FA} = 10^{-4}$）

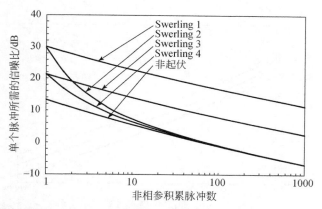

图 3.9 单个脉冲所需的信噪比与非相参积累脉冲数之间的关系（$P_{D} = 0.99$、$P_{FA} = 10^{-4}$）

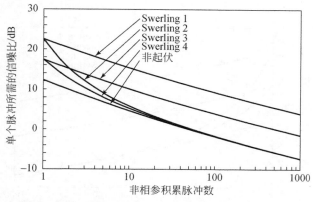

图 3.10 单个脉冲所需的信噪比与非相参积累脉冲数之间的关系（$P_{D} = 0.95$、$P_{FA} = 10^{-4}$）

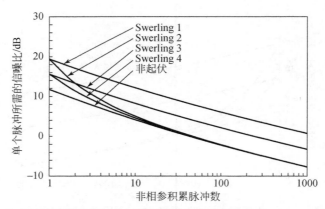

图 3.11　单个脉冲所需的信噪比与非相参积累脉冲数之间的关系（$P_D = 0.9$、$P_{FA} = 10^{-4}$）

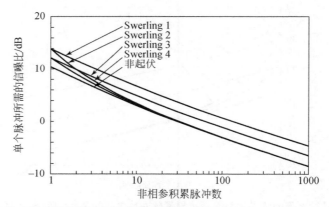

图 3.12　单个脉冲所需的信噪比与非相参积累脉冲数之间的关系（$P_D = 0.7$、$P_{FA} = 10^{-4}$）

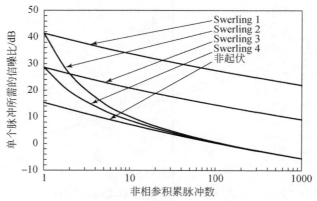

图 3.13　单个脉冲所需的信噪比与非相参积累脉冲数之间的关系（$P_D = 0.999$、$P_{FA} = 10^{-6}$）

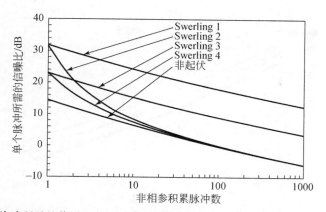

图 3.14　单个脉冲所需的信噪比与非相参积累脉冲数之间的关系（ $P_D = 0.99$、$P_{FA} = 10^{-6}$ ）

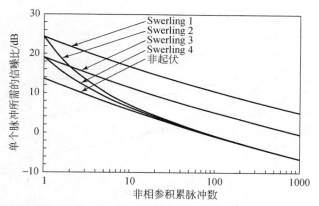

图 3.15　单个脉冲所需的信噪比与非相参积累脉冲数之间的关系（ $P_D = 0.95$、$P_{FA} = 10^{-6}$ ）

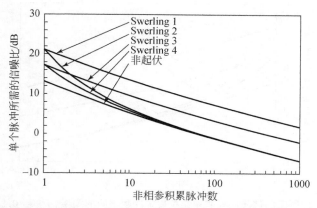

图 3.16　单个脉冲所需的信噪比与非相参积累脉冲数之间的关系（ $P_D = 0.9$、$P_{FA} = 10^{-6}$ ）

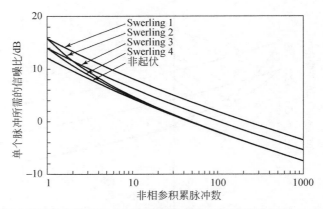

图 3.17 单个脉冲所需的信噪比与非相参积累脉冲数之间的关系($P_D = 0.7$、$P_{FA} = 10^{-6}$)

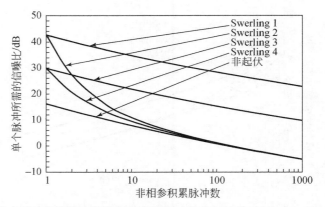

图 3.18 单个脉冲所需的信噪比与非相参积累脉冲数之间的关系($P_D = 0.999$、$P_{FA} = 10^{-8}$)

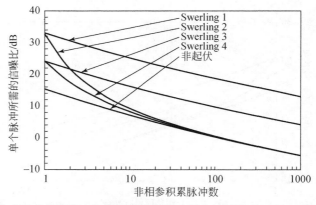

图 3.19 单个脉冲所需的信噪比与非相参积累脉冲数之间的关系($P_D = 0.99$、$P_{FA} = 10^{-8}$)

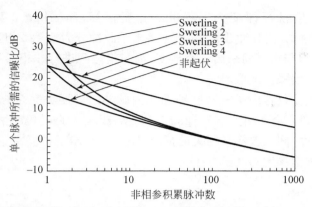

图 3.20 单个脉冲所需的信噪比与非相参积累脉冲数之间的关系($P_D = 0.95$、$P_{FA} = 10^{-8}$)

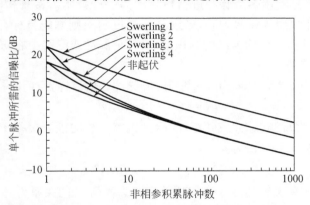

图 3.21 单个脉冲所需的信噪比与非相参积累脉冲数之间的关系($P_D = 0.9$、$P_{FA} = 10^{-8}$)

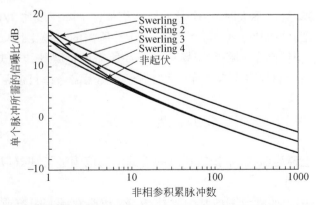

图 3.22 单个脉冲所需的信噪比与非相参积累脉冲数之间的关系($P_D = 0.7$、$P_{FA} = 10^{-8}$)

 雷达采用频率捷变技术可使式(3.4)得到满足,在此基础上,雷达通过非相参积累可降低其达到一定检测概率时单个脉冲所需的信噪比。雷达采用频率捷变后,Swerling 1 型目标即变为 Swerling 2 型目标,Swerling 3 型目标即变为 Swerling 4 型目标。当脉冲数较多时,可将多个脉冲分为 5~20 组,每组内的脉冲进行相参积累,组与组之间采用频率捷变,组与组之间进行非相参积累,这样可使雷达检测所需的信噪比最低。

Swerling 模型仅考虑了一次驻留期间内脉冲之间回波完全相关(Swerling 1 和 Swerling 3)和完全不相关(Swerling 2 和 Swerling 4)两种极端情况。对于一次驻留期间内脉冲之间回波部分相关的情况,Barton 给出了计算雷达检测概率一定时单个脉冲所需信噪比的经验方法[6]。

5. 双门限检测

双门限检测是利用多个脉冲进行检测的另一种技术。常规检测时,雷达对目标进行多个脉冲观测或驻留观测,若观测值超过门限则判定目标存在。双门限检测是一种 M-N 检测,也称为二进制积累,当 n 个脉冲或驻留中有 m 次检测到目标时,即判定目标存在。

对于 Swerling 2 和 Swerling 4 型脉冲-脉冲起伏目标,双门限检测概率为

$$P_D = 1 - (1 - P_{DO})^n \tag{3.24}$$

式中,P_{DO} 为单次观测(脉冲或驻留)的检测概率。总的检测概率 P_D 一定时,单次观测所需的检测概率 P_{DO} 为

$$P_{DO} = 1 - (1 - P_D)^{1/n} \tag{3.25}$$

多次观测总的虚警概率 P_{FA} 与单次观测虚警概率 P_{FAO} 的关系为

$$P_{FAO} = \frac{P_{FA}}{n} \tag{3.26}$$

当采用双门限检测且 n 不大时,单个脉冲所需信噪比下降速度比 $1/n$ 快,双门限检测单个脉冲所需的信噪比小于相参积累单个脉冲所需的信噪比,单、双门限检测单个脉冲所需的信噪比高于非相参积累单个脉冲所需的信噪比。但是,双门限检测较易实现,双门限检测的多次观测在时间上分开,其无需考虑目标距离迁移[5]。

3.4　搜　　索

雷达搜索(也称为监视)是指雷达对一定的空间范围进行搜寻以发现目标。搜索指标包括以下三个:

(1)搜索范围。搜索范围通常由立体角 Ψ_S 和搜索最大距离或最小距离确定[式(1.6)]。

(2)目标特性。目标特性包括目标雷达截面积、雷达截面积起伏特性和目标速度。

(3)检测性能参数。检测性能参数包括检测概率和虚警概率。

1. 搜索雷达方程

搜索雷达作用距离表达式为

$$R_{\mathrm{D}} = \left[\frac{P_{\mathrm{A}} A_{\mathrm{R}} t_{\mathrm{S}} \sigma}{4\pi \Psi_{\mathrm{S}} n \dfrac{S}{N} k T_{\mathrm{S}} L_{\mathrm{S}}} \right]^{1/4} \tag{3.27}$$

式中，t_{S} 为搜索时间；Ψ_{S} 为搜索立体角；n 为脉冲积累数；S/N 为满足一定检测概率和虚警概率单个脉冲所需的信噪比（详见 3.2 节）；L_{S} 为雷达搜索综合损耗；其他参数含义详见 3.2 节。

雷达搜索综合损耗包括以下五方面[5]：

（1）雷达系统损耗（详见 3.2 节）。其中，侧面扫描损耗和传播损耗采用搜索立体角内的平均值。

（2）波束形状损耗。目标不在波束中心时即存在波束形状损耗，此系数通常为 1.6～2.5dB。

（3）波束堆积损耗。波束堆积损耗由搜索模式中圆形（或椭圆形）波束重叠导致，典型值为 0.8dB。

（4）信号处理损耗。信号处理损耗包括脉冲积累时的积累损耗和搜索模式下的其他处理损耗。

（5）搜索模式下雷达能量的非理想分布造成的损耗。

仅考虑雷达参数时，式(3.27)可改写为

$$R_{\mathrm{D}} \propto \left(\frac{P_{\mathrm{A}} A_{\mathrm{R}}}{T_{\mathrm{S}} L_{\mathrm{S}}} \right)^{1/4} \tag{3.28}$$

通过式(3.28)可比较各种雷达的搜索性能。对于大多数雷达，T_{S} 和 L_{S} 变化范围较小，雷达搜索性能与 $P_{\mathrm{A}} A_{\mathrm{R}}$（称为功率孔径乘积）的 4 次方根近似成正比（图3.23）。对于多功能雷达，P_{A} 是指搜索模式下雷达的平均功率。

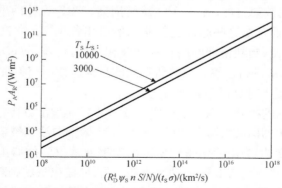

图 3.23 功率孔径乘积与搜索参数之间的关系（$T_{\mathrm{S}} L_{\mathrm{S}}$ 的单位为 K）

　　雷达搜索性能与发射天线增益无关。虽然增加发射增益可以提高雷达灵敏度,但同时降低了波束宽度,这导致雷达对同一片区域进行搜索时需要安排更多的波束,而波束的增加会导致每个波束能量的降低,这种负面效果与雷达灵敏度提高的正面效果相抵消,所以雷达搜索性能与发射天线增益无关。

　　式(3.27)表明,搜索时间越长,雷达探测距离越远。但是,雷达搜索时间受目标运动等因素约束。当目标以径向速度 V_R 靠近雷达时,雷达搜索距离最大对应的搜索时间为

$$t_S = \frac{R_D}{4V_R} \tag{3.29}$$

将式(3.29)代入式(3.27)可得

$$R_D = \left[\frac{P_A A_R \sigma}{16\pi V_R \boldsymbol{\Psi}_S n \dfrac{S}{N} k T_S L_S} \right]^{1/3} \tag{3.30}$$

因此,雷达最大搜索距离为

$$R_A = \frac{3}{4} R_D \tag{3.31}$$

2. 旋转搜索雷达

　　旋转搜索雷达通常使用方位向波束宽度较窄的抛物面天线或阵列天线。雷达天线在方位向以稳定的速度连续旋转,方位向可覆盖 360°,旋转周期通常为 10～20s。雷达天线俯仰向波束覆盖情况可根据目标来设计。通常,天线俯仰向最大增益在低仰角处,随着俯仰角的增大,天线增益逐渐降低。天线俯仰向覆盖范围能够覆盖飞机最大高度(10～15km)即可。

　　天线扫描时,一个波束驻留期间内观测目标的脉冲数为

$$n = \frac{\theta_A t_R \mathrm{PRF}}{2\pi} \tag{3.32}$$

式中,θ_A 为方位向波束宽度;t_R 为天线旋转周期;PRF 为脉冲重复频率。根据目标起伏情况,雷达通常对这些脉冲进行非相参或相参积累。每次扫描间的目标回波通常不相关,因此,当驻留期间的目标回波相关时,可用 Swerling 1 或 Swerling 3 模型来对目标回波进行建模。当驻留期间的目标回波不相关时,可用 Swerling 2 或 Swerling 4 模型来对目标回波进行建模。

　　旋转搜索雷达的探测距离可根据式(3.27)计算,搜索时间 $t_S = t_R$,搜索立体角 $\boldsymbol{\Psi}_S$ 等于 2π 乘以俯仰向波束覆盖角度。通常认为俯仰向波束覆盖角度为增益较高的低仰角覆盖角度,因为高仰角覆盖所需的功率通常仅为低仰角覆盖所需功率的 50%,等效于高仰角下约有 2dB 的功率损耗。另外,波束形状损耗约为 1.6dB。若 n 小于 6,则发射波束与接收波束移动还会引入一个较小的扫描损耗[5]。

　　另外,式(3.11)～式(3.14)也可以用于计算雷达探测距离,只是这些公式中

S/N 要用 n 乘以单个脉冲所需的 S/N 来替换，并且还要考虑搜索损耗。

一些旋转搜索雷达在俯仰向具有堆积多波束，具有较大的仰角覆盖范围，并且可以测量目标俯仰角（详见 3.5 节）。这种雷达在俯仰向采用扇形波束发射信号，采用堆积多波束接收信号，或者发射、接收信号都采用堆积多波束。

3. 相控阵搜索

相控阵雷达通过电子控制可对窄笔状波束进行快速重新定位。相控阵雷达将搜索空域划分为多个网格，然后发射和接收多波束以对网格进行搜索。对于全视场相控阵，由于相控阵天线扫描角度范围约为 120°，因此需要三个或更多个相控阵天线才能达到半球覆盖；对于有限视场相控阵，其扫描范围较全视场相控阵天线小，通常用于较小的扇区搜索（详见 2.1 节）。

搜索网格中的波束中心位置通常间隔大约一个波束宽度，这会导致约 0.8dB 的波束堆积损耗和约 2.5dB 的波束形状损耗。扫描损耗随着扫描角的变化而变化。为了保持每个扫描波束的信噪比恒定，需要根据每个波束的扫描角来调整每个波束发射功率。通常采用平均扫描损耗因子来衡量扫描损耗[5]。

由于相控阵波束宽度与 $\arccos\theta$ 成正比（θ 为扫描角），因此用于覆盖搜索范围的波束间隔和数量必须相应地进行调整。如果将相控阵雷达搜索波束在正弦空间编排，那么波束宽度就不会随扫描角的变化而变化，这样就简化了波束编排[24]。

在式（3.27）的基础上考虑扫描损耗，可计算得到搜索雷达作用距离。每个波束位置对应的脉冲数 n 为

$$n = \frac{t_S \mathrm{PRF}}{n_B} \tag{3.33}$$

式中，n_B 为搜索模式下的波位数；PRF 为脉冲重复频率，其为一定值。

根据目标信号的相关性，每个波位上驻留期间的多个脉冲可进行相参或非相参积累。当 PRF 较低、搜索距离较大、n_B 较大时，每个波位驻留期间的脉冲数可能小于有效非相参积累数（详见 3.3 节）。在这种情况下，雷达可以在多个波位上快速连续发射脉冲，然后利用多波束来接收回波信号。

4. 栅栏搜索

在栅栏搜索中，雷达在一个维度（如俯仰维）搜索一个较窄的角度范围，在另一个维度（如方位维）搜索较宽的角度范围。这样，当目标通过波束扫描形成的栅栏时即可被检测到。栅栏搜索主要应用于以下两方面：

（1）地平线搜索。雷达在低仰角下对一定方位范围进行搜索。当炮弹或导弹冒出地平线时即可被检测到。

（2）扫帚式搜索。机载雷达来回搜索以检测目标。

为了保证目标通过栅栏时能够被检测到，最小栅栏搜索时间为

$$t_S = \frac{R_T \phi_E}{V_T} \qquad (3.34)$$

式中，R_T 为雷达与目标之间的距离，通常用最小目标发现距离，以确保目标能够被检测到；ϕ_E 为俯仰向搜索角度宽度；V_T 为俯仰向垂直于雷达视线的目标速度分量；当用一行波束来形成栅栏时，ϕ_E 等于雷达俯仰向波束宽度。

若方位向搜索角度宽度为 ϕ_A，则搜索立体角为

$$\Psi_S = \phi_A \phi_E \qquad (3.35)$$

将式(3.34)和式(3.35)代入式(3.27)可计算得到雷达探测距离 R_D。其中，搜索损耗包括约 0.8dB 的波束叠加损耗和约 2.5dB 的波束形状损耗。为了检测到目标，雷达探测距离 R_D 必须大于雷达与目标之间的距离 R_T。

相控阵雷达能够发射一行或多行波束形成栅栏来搜索目标，前面介绍的每个波位对应的脉冲数计算方法在这种情况下同样适用。

抛物面天线雷达受最大方位扫描速度和加速度的限制，其栅栏搜索能力有限[5]。在式(3.11)～式(3.14)中，考虑搜索损耗，并将 S/N 用 n 倍于检测所需的 S/N 替换，即可计算得到抛物面天线雷达探测距离。

3.5　测　　量

雷达通过测量目标距离、方位角和俯仰角来确定目标位置。此外，相参雷达还可以测量目标径向速度。在测量时，雷达必须将一个目标与其他目标在距离、角度或速度维上分辨开。雷达的距离、角度、径向速度分辨率计算如下所示：

（1）距离分辨率。距离分辨率 ΔR 可表示为

$$\Delta R = \frac{c}{2B} = \frac{t_R c}{2} \qquad (3.36)$$

式中，B 为信号带宽；t_R 为脉冲压缩后的脉宽。

（2）角度分辨率。角度分辨率即为波束宽度 θ。对应的横向距离分辨率 ΔD 为

$$\Delta D = R\theta \qquad (3.37)$$

式中，R 为目标与雷达之间的距离。

（3）径向速度分辨率。对于相参雷达，目标多普勒频移对应的目标径向速度分辨率 ΔV 为

$$\Delta V = \frac{\lambda}{2\tau} = \frac{\lambda f_R}{2} \qquad (3.38)$$

式中，τ 为波形持续时间；f_R 为多普勒频率分辨率。

1. 测量误差

雷达测量误差包括以下五部分：

（1）随机误差。雷达测量误差以随机误差为主。随机误差与信噪比的平方根成反比。雷达采用脉冲积累时，信噪比为脉冲积累后的信噪比（详见 3.2 节）。通常假定随机误差概率密度函数服从高斯分布。当雷达对 N 次测量结果进行平均时，随机误差将变为单次测量随机误差的 $1/\sqrt{N}$ 倍。影响信噪比的雷达参数为 $P_P A_R G_T / T_S L$［式（3.11）和式（3.12）］，因此可通过这些参数来对比雷达测量性能。当 T_S 和 L 变化范围较小时，雷达测量误差与 $(P_P A_R G_T)^{-1/2}$ 近似成正比。

（2）固定随机测量误差。这些误差由雷达接收机的后面几级电路噪声产生或者由多次观测时的信号传播随机性产生（详见 4.3 和 4.6 节）。随着信噪比的增加，随机测量误差逐渐降低并达到一个极限。这个极限有时被称为高信噪比下的脉冲分裂或波束分裂极限。通常假定固定随机测量误差服从高斯分布。当雷达对 N 次测量结果进行平均时，平均后的随机测量误差将变为单次测量误差的 $1/\sqrt{N}$ 倍。

（3）偏移误差。偏移误差由雷达校准和标定误差、信号传播效应产生（详见 4.3 和 4.6 节）。偏移误差长时间看是变化的，但在目标观察期间，可假设其是固定不变的。当多个目标位置近似相同时，多个目标对应的偏移误差相同，偏移误差不会影响雷达对多个目标测量或跟踪的相对结果。因此，在这种情况下雷达测量误差无需考虑偏移误差。

（4）雷达杂波（详见 4.5 节）或干扰（详见 4.7 节）导致的测量误差。

（5）多径散射（详见 4.4 节）、目标闪烁导致的测量误差。

总的测量误差是以上测量误差的总和。当随机误差和固定随机误差均服从高斯分布时，它们可以用总的均方根来进行合并。其他误差则直接相加。为了方便起见，有时这些误差都用总的均方根进行合并。

对于高斯分布的测量误差，通常用标准方差 σ 来进行描述。误差在 $\pm\sigma$ 范围内的测量值约占 68%，误差在 $\pm 3\sigma$ 范围内的测量值约占 99.7%（图 3.24）。

2. 距离测量

目标距离由信号发射和接收之间的时间间隔决定［详见式（1.1）和式（1.4）］。目标距离通常通过测量压缩脉冲中心得到。其也可通过比较前后波门的信号电平或通过观测早期雷达的示波器得到。通过这些技术得到的结果差不多。

距离测量误差与信噪比相关，其可表示为

$$\sigma_R = \frac{\Delta R}{\sqrt{\dfrac{2S}{N}}} = \frac{c}{2B\sqrt{\dfrac{2S}{N}}} \tag{3.39}$$

式中，S/N 为单个脉冲、相参积累或非相参积累后的信噪比（详见 3.2 节）。

雷达内部噪声导致的固定随机测量误差通常为雷达距离分辨率的 $0.0125\sim$

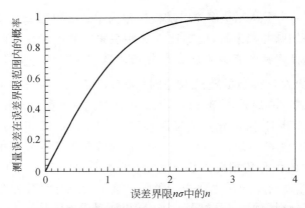

图 3.24　测量误差在误差界限范围内的概率与误差界限之间的关系

0.05 倍(脉冲分裂因子为 20~80)(图 3.25)。雷达距离偏移误差通常由天线到接收机的路径长度的补偿失配所致,通过精密校准可使偏移误差变得很小。由大气和电离层传播导致的偏移误差较大,对偏移误差进行估计和校正可降低该偏移误差(详见 4.3 节和 4.6 节)。

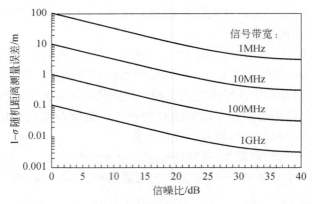

图 3.25　不同信号带宽下,1-σ 随机距离测量误差与信噪比之间的关系(距离分离因子为 50)

3. 角度测量

角度测量是指测量信号到达的方位角和俯仰角。雷达广泛采用单脉冲进行角度测量,这种测角技术称为单脉冲测角(详见 2.1 节)。也有雷达采用另外一种测角技术——圆锥扫描测角。雷达采用圆锥扫描测角时,天线绕着目标旋转。对于旋转搜索雷达,当雷达天线扫过目标时,目标方位根据脉冲串回波中心估计得到(详见 3.4 节)。圆锥扫描测角与单脉冲测角不同,圆锥扫描测角需要多个脉冲回波,单脉冲测角仅需要单个脉冲回波,因此多个脉冲间目标信号的起伏会使圆锥扫描测角存在测角误差。当目标起伏较小时,圆锥扫描测角与单脉冲测角精度相当。

主要的角度测量误差与信噪比相关,其可表示为

$$\sigma_{A} = \frac{\theta}{k_{M}\sqrt{\dfrac{2S}{N}}} \approx \frac{\theta}{1.6\sqrt{\dfrac{2S}{N}}} \qquad (3.40)$$

式中,θ 为俯仰向或方位向的波束宽度;k_{M} 为单脉冲天线差波束方向图在 0°附近的斜率,$k_{M} \approx 1.6$;S/N 为单个脉冲或相参积累或非相参积累后的信噪比(详见 3.2 节)。测角误差导致的横向距离误差 σ_{D} 可表示为

$$\sigma_{D} = R\sigma_{A} \qquad (3.41)$$

在相控阵雷达中,波束宽度随着扫描角的变化而变化,扫描损耗随着扫描角的增大而增大。如果对此不采取补偿措施[式(2.12)和式(2.13)],那么扫描角的增大导致的波束展宽和扫描损耗最终会导致 σ_{A} 增大。

雷达内部噪声导致的固定随机角度测量误差通常为波束宽度的 0.008~0.025 倍(波束分离因子为 40~125,图 3.26)。雷达角度偏移误差通常是由天线物理校准误差导致。对于静止雷达,偏移误差通常较小。大气和电离层传播导致的偏移误差较大,低仰角情况下尤为明显,因此需对该偏移误差进行估计、校正(详见 4.3 和 4.6 节)。

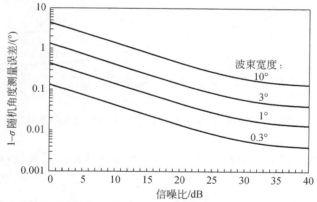

图 3.26 不同波束宽度下,1-σ 随机角度测量误差与信噪比之间的关系

对于相控阵雷达,固定随机测角误差和偏移误差有一部分独立于扫描角,有一部分随扫描角呈余弦倒数变化,这两部分误差可用总的误差的均方根来综合表示。

在一些情况下,人为干扰或杂波可能会使测角波束发生变化,这会导致比式(3.40)更大的角度测量误差。

目标闪烁是目标多个散射点相互干涉导致的一种效应,它导致的角度测量误差可大于目标真实角度。目标闪烁主要发生在目标距离近、目标角度扩展较大的场景,如雷达导引头末制导阶段或精密测量雷达。

4. 径向速度测量

相参雷达通过接收信号的多普勒频移来测量目标径向速度[式(1.2)、式(1.3)和式(1.5)]。主要的径向速度测量误差 σ_V 与信噪比有关，其可表示为

$$\sigma_V = \frac{\lambda}{2\tau\sqrt{\dfrac{2S}{N}}} = \frac{\Delta V}{\sqrt{\dfrac{2S}{N}}} \qquad (3.42)$$

式中，S/N 为单个脉冲或多个脉冲相参积累、非相参积累后的信噪比（详见 3.2 节）。高信噪比下雷达接收机内部噪声导致的固定随机误差会限制雷达径向速度测量精度（图 3.27）。雷达径向速度测量偏移误差通常较小，由大气和电离层传播导致的径向速度随机测量误差和偏移误差通常也较小。

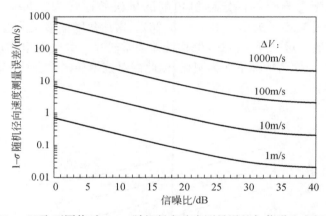

图 3.27　ΔV 取不同值时，$1-\sigma$ 随机径向速度测量误差与信噪比之间的关系

通过两次或多次目标距离测量结果可计算得到目标径向速度，此时，径向速度测量误差可表示为

$$\sigma_V = \frac{\sqrt{2}\,\sigma_R}{t_M}, \quad 2 \text{ 个脉冲} \qquad (3.43)$$

$$\sigma_V = \frac{\sqrt{12}\,\sigma_R}{\sqrt{n}\,t_M}, \quad 6 \text{ 个或更多个脉冲} \qquad (3.44)$$

式中，t_M 为测量持续时间；n 为脉冲数。在大多数情况下，根据多普勒频移测量目标径向速度时的测量误差[式(3.42)]远比根据多个距离测量结果测量目标径向速度时的测量误差小[式(3.43)和式(3.44)][5]。

目标切向速度可根据两个或更多个角度测量结果计算得到

$$\sigma_C = \frac{\sqrt{2}\,R\sigma_A}{t_M}, \quad 2 \text{ 个脉冲} \qquad (3.45)$$

$$\sigma_{\mathrm{C}} = \frac{\sqrt{12} R \sigma_{\mathrm{A}}}{\sqrt{n} t_{\mathrm{M}}}, \quad 6 \text{个或更多个脉冲} \tag{3.46}$$

雷达切向速度测量误差通常远大于径向速度测量误差。

3.6 跟 踪

雷达跟踪主要是根据一系列的目标位置和径向速度测量结果来估计目标的路线。跟踪包括估计目标航迹和速度、检测目标机动、预测目标位置。

1. 跟踪模式

雷达的跟踪模式和能力与雷达天线结构有关(详见 2.1 节)。

(1) 旋转监视雷达在每个旋转周期内可测量目标位置和径向速度。雷达一边测量目标位置和速度一边跟踪,这种跟踪模式称为边扫描边跟踪。由于雷达一次测量时间固定且相对较长(通常为 10s),因此这种雷达在检测目标机动、连续跟踪多个目标方面的能力有限,特别是对切向运动目标的跟踪。

(2) 抛物面天线雷达通常只跟踪单个目标,它通过机械扫描天线将窄波束对准目标。抛物面天线雷达测量数据率较高,其可对处于同一波束内的多个目标实施跟踪。

(3) 多功能相控阵雷达为每个目标分配波束以跟踪多个目标,对每个目标的测量数据率可根据需要进行调整。许多相控阵雷达可选择具有不同能量和分辨率的波形来探测不同的目标。

使用最小均方根误差拟合等平滑处理技术对多次目标测量结果进行处理后可估计目标航迹,这种处理方法对测试分析很有用。

相比之下,实时目标跟踪需要对目标参数进行连续估计以便于雷达操作员对目标飞行方向或交战情况做出实时响应。实时跟踪采用的处理方法包括以下两种:

(1) 批处理。多个测量结果被分成若干组,以组为单位进行处理以估计目标参数。

(2) 递归处理。新的测量结果和前面估计的目标参数一起处理以更新目标参数。

2. 跟踪滤波器

雷达跟踪滤波器将一段时间内的雷达测量数据与目标运动模型进行比较,然后使用最小二乘或最大似然估计对目标参数进行估计[25]。

(1) α-β 滤波器分别对目标位置和速度进行建模。根据预测的目标速度(速度)和机动(加速度)范围来选择滤波器参数 α 和 β 。滤波器参数的设计主要是为了在平滑随机测量误差和响应目标机动之间进行折中。滤波器可以是一个批处理器,也可以是一个滑窗处理器。α-β 滤波器主要采用最近的 n 次测量结果对目标位置和速度进行估计。

(2) α-β-γ 滤波器在 α-β 滤波器的基础上增加参数 γ 来对目标加速度进行建模,γ 参数的引入可以降低目标机动造成的动态滞后,但可能使滤波器对非机动目标的跟踪误差增大。α-β-γ 滤波器的实现与 α-β 滤波器类似。

(3) Kalman 滤波器是一种递归滤波器,它是 α-β 滤波器和 α-β-γ 滤波器的扩展,它的滤波参数随时间变化而变化。Kalman 滤波器的参数与预测的目标运动参数和雷达测量结果有关,根据过去测量结果和新的测量结果可对滤波器参数进行更新。当测量结果服从高斯分布时,Kalman 滤波器可使估计的目标参数均方误差最小。虽然 Kalman 滤波器比固定参数滤波器复杂,但由于它适用于处理数据丢失、测量噪声变化、目标动态变化等场景,因此被广泛使用。

大多数滤波器采用笛卡儿坐标系,而雷达测量结果(距离、角度、速度)是在极坐标系下表示。尽管坐标系转换比较容易,但坐标系转换会导致数据非线性,从而降低滤波器性能。

3. 航迹关联

为了保持跟踪的完整性,新的目标位置测量结果必须与已有目标航迹正确关联。当存在多目标和虚假测量结果时,航迹关联较困难。根据技术实现的易难程度来排序,航迹关联技术包括以下四种[26]:

(1) 最近邻法。此技术考虑测量精度和预测的目标位置,将新测量结果与离它最近的预测的目标位置对应的航迹进行关联。这种方法实现很简单,但当存在多个关联的目标位置时,就会存在关联误差。

(2) 全局最近邻法。该方法考虑测量精度和预测目标位置,使测量结果和分配航迹之间的距离之和最小。Kuhn-Munkres 算法可很好的实现这种方法,但该算法计算量大,因此,实际常使用其他一些计算量较小的算法。

(3) 概率关联法。该技术用正确关联概率估计值对邻近数据进行加权,然后用加权后的数据来实现航迹更新。当近邻测量结果多为噪声导致的虚警目标结果时,这种方法跟踪效果最好。

(4) 多假设法。该方法根据附近的航迹和最新测量结果形成多个可能的航迹,通过评估将可能性最大的航迹判定为最终的航迹。

航迹关联算法的选择取决于测量结果数据率、跟踪精度以及测量精度。

4. 跟踪数据率

一些雷达的跟踪数据更新率是固定的,如工作在边扫描边跟踪模式下的旋转监视雷达。多功能相控阵雷达对每个目标的跟踪数据率是可变的,跟踪数据率受功率和可用时间的限制。跟踪数据率选择需要考虑以下因素:

(1)跟踪的持续性。预测的目标位置的不确定量要小于观测窗大小。观测窗通常根据雷达波束宽度来定义。为了确保高的跟踪数据率,两次测量之间的时间差应该足够小以保证目标位置预测误差小于雷达俯仰向和方位向波束宽度对应距离的一半($R\theta/2$)。

(2)跟踪精度。雷达跟踪误差与跟踪数据率的均方根的倒数成正比,因此在信噪比相同的条件下,提高跟踪数据率可以提高跟踪精度。

(3)航迹关联。将新的测量结果与已有航迹进行关联时,预测的目标位置的精度是一个关键因素。增加数据跟踪率会降低预测时间间隔,从而提高预测目标位置的精度。

第4章 雷达环境

4.1 大气损耗

大气层也称为对流层。由于大气衰减和波束展宽,雷达信号在大气层中传播存在损耗。

大气衰减也称为大气损耗。大气衰减是由大气中氧气和水蒸气分子吸收造成的,衰减量随着微波频率的增加逐渐增加,并且在 22.3GHz 和 60GHz 处由于电磁波分别与水蒸气和氧气共振而形成两个衰减峰值。衰减量随着仰角的增加而降低,在 10km 以上大气衰减可忽略不计。对于地面雷达,大气衰减随着仰角的增加而降低,在仰角大于 10°时可忽略不计。

大气损耗随着传播路径长度 l 的增加呈指数增加,它可以用双向损耗 a_A (dB/km)来进行描述,a_A 又称为大气衰减系数。当传播路径上的 a_A 固定时,总损耗 L_A (dB)可表示为

$$L_A = a_A l \tag{4.1}$$

损耗功率比为

$$L_A = 10^{\frac{a_A l}{10}} \tag{4.2}$$

当 a_A 随着传播路径发生变化时,需要沿信号传播路径进行积分来计算得到衰减值。不同高度下,大气衰减系数与雷达工作频率之间的关系如图 4.1 所示[27]。不同频段下,雷达俯仰角不同时,大气衰减与传播距离之间的关系如图 4.2～图 4.6 所示。

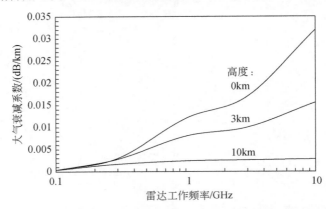

图 4.1 不同高度下,大气衰减系数与雷达工作频率之间的关系[5]

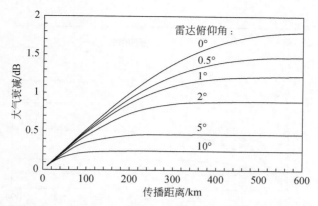

图 4.2　UHF 频段(425MHz)下,雷达俯仰角不同时,大气衰减与传播距离之间的关系[5]

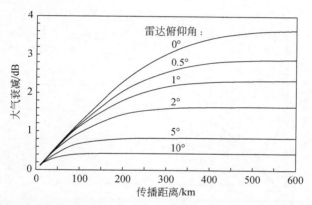

图 4.3　L 频段(1.3GHz)下,雷达俯仰角不同时,大气衰减与传播距离之间的关系[5]

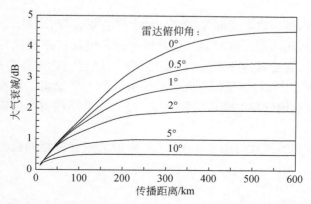

图 4.4　S 频段(3.3GHz)下,雷达俯仰角不同时,大气衰减与传播距离之间的关系[5]

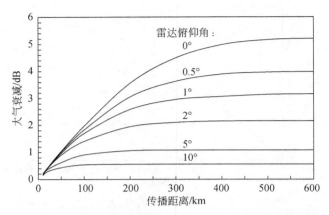

图 4.5　C 频段(5.5GHz)下,雷达俯仰角不同时,大气衰减与传播距离之间的关系[5]

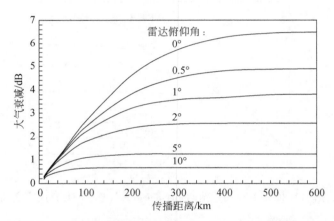

图 4.6　X 频段(9.5GHz)下,雷达俯仰角不同时,大气衰减与传播距离之间的关系[5]

　　在低仰角下,雷达波束顶部和底部处的大气折射差异(详见 4.3 节)会增加俯仰向波束宽度,从而降低天线增益。这种效应用透镜损耗来描述。透镜损耗与雷达工作频率无关,它随着传播距离的增加而增大,随着雷达俯仰角的增大而减小。当雷达俯仰角大于 5°时,透镜损耗可忽略不计。图 4.7 给出了地面雷达透镜损耗随传播距离和雷达俯仰角的变化关系曲线。不同高度下的雷达透镜损耗详见文献[28]中第 15 章。

　　图 4.7 中的透镜损耗与图 4.2～图 4.6 中的大气衰减相加最终得到总的大气损耗。

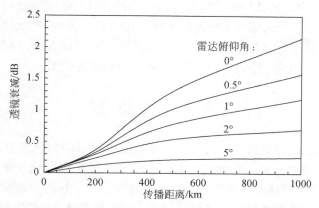

图 4.7 雷达俯仰角不同时,双向透镜衰减与传播距离之间的关系[5]

4.2 雨 损 耗

当信号通过雨滴时,雨会使信号衰减。雨衰减随着信号频率的增加而显著增大。当信号频率小于 1GHz 时,雨衰减可忽略不计。雨损耗随着传播路径长度 l 的增加呈指数增加,它可以用双向损耗 a_R 来描述(图 4.8)[29]。当传播路径上的 a_R 不变时,总的雨损耗 L_R(dB)可表示为

$$L_R = a_R l \tag{4.3}$$

损耗功率比为

$$L_R = 10^{a_R l/10} \tag{4.4}$$

当传播路径上的 a_R 变化时,需要沿信号传播路径对 a_R 进行积分来计算得到

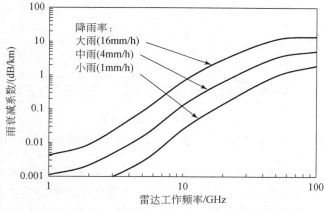

图 4.8 不同降雨率下,雨衰减系数 a_R 与雷达工作频率之间的关系[5]

雨衰减量。因为只有液体雨会产生较大的雨衰减，所以在零度等温线以下（中等纬度、高度在 3km 以下）的信号传播路径才存在雨损耗。另外，在大片区域内降雨是不均匀的，高降雨量的区域范围较小（10km 或更小），因此式（4.3）和式（4.4）需谨慎使用。Crane 在文献[29]中提出了一种预测雨损耗的模型。

4.3　大气折射

　　雷达信号在大气（也称为对流层）中传播的折射或绕射现象是由大气中的压力、温度和水蒸气成分变化造成的不同高度信号传播速度变化所致。折射率 n 为信号在大气中的传播速度与在真空中的传播速度之比。折射率通常随着高程增加而降低，从而造成传播路径向下弯曲并加长。大气折射率 N 可表示为

$$N = 10^6(n-1) \tag{4.5}$$

大气折射率通常随着高程增加近似呈指数减小。地球表面的折射率标准值为313，变化范围为 $\pm 10\%$。

1. 测量误差

　　大气折射会导致雷达距离测量误差和俯仰角测量误差。测量误差随着俯仰角增加而减小。对于 20GHz 以下的频段，测量误差不受工作频率变化的影响（图 4.9和图 4.10）[10]。

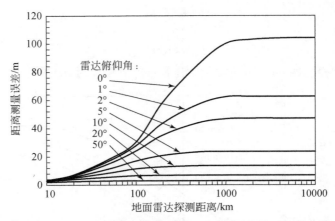

图 4.9　标准大气压下，距离测量误差与地面雷达探测距离、俯仰角之间的关系[5]

　　使用类似图 4.9 和图 4.10 中标准大气压下的测量误差数据对测量结果进行校正，可以将测量误差控制在 15% 的范围内。如果能够测得雷达工作场景下的折射率，那么可进一步将测量误差控制在 5% 左右[6]。这些误差被视为偏移误差（详见 3.5 节），在一次观测期间通常是固定的。

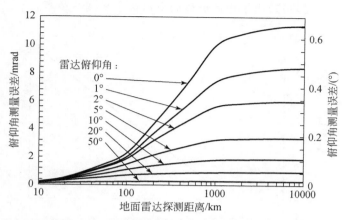

图 4.10　标准大气压下,俯仰角测量误差与地面雷达探测距离、俯仰角之间的关系[5]

2. 4/3 地球模型

考虑大气折射效应,通常假设地球半径为地球实际半径 6371km 的 4/3 倍,即 8495km。采用此模型,信号在大气内的传播路径即可近似为直线。在 4km 以下高度,这种近似是准确的,在 4~10km 高度,这种近似存在较小的误差[5]。

3. 反常传播(波导)

有些大气环境可以在地球表面产生比标准大气环境下下降更快的折射率。这种大气环境大多存在于热带海洋区域。对于地面雷达,这种环境会导致折射增强,并使得电磁波沿着地球表面传播,这种现象称为表面波导效应。这种现象有助于提高雷达对地球表面和低空目标的探测距离,同时也会导致二次和多次回波(详见 1.3 节)。

4.4　地形遮蔽与多径

1. 雷达视线距离

地形或海平面对雷达视线的遮挡限制了地面雷达或低空雷达对低空目标的探测。图 4.11 给出了平坦地球表面上不同高度雷达的水平视线距离。

对于高度小于 10km 的雷达,采用 4/3 地球模型,水平距离 R_H 可表示为(详见 4.3 节)

$$R_H = (h_R^2 + 2r_E h_R)^{1/2} \tag{4.6}$$

式中,h_R 为雷达高度;r_E 为 4/3 地球半径(8495km)。目标高度已知时,根据式

(4.6)或图 4.11 同样可求出平坦地球表面下目标水平视线距离。

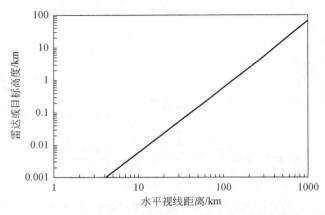

图 4.11　地表面光滑情况下,雷达或目标高度与水平视线距离的关系

2. 雷达观测目标最大距离

在雷达和目标高度已知条件下,雷达观测目标的最大距离为雷达水平视线距离和目标水平距离之和。

在许多情况下,雷达会架设在高处以增加其水平视线距离。相反,山区会减小雷达或目标的水平视线距离。同时,为了避免多径散射的影响,通常希望目标在雷达水平视线角上方几度,这样也可以降低大气损耗和折射(详见 4.1 节和 4.3 节),但是这将降低雷达对低空目标的观测距离。

3. 多径散射几何

雷达波束照射到目标时,也会照射到雷达与目标之间的地面或海面,因此,雷达接收信号除了直接反射的目标回波外,还有经地/海面和目标二次和三次反射的目标回波。当雷达掠射角(地球表面与信号传播路径之间的夹角)较小时,直接反射的目标回波与经目标和地/海面二次反射的目标回波之间的路径差 δR 较小,可近似计算为

$$\delta R \approx \frac{2h_R h_T}{R} \tag{4.7}$$

式中,h_R 为雷达高度;h_T 为目标高度;R 为目标与雷达之间的距离。

当 δR 小于雷达距离分辨率 ΔR 时,直接反射的目标回波与经目标和地/海面二次反射的目标回波相干叠加在一起,从而导致雷达接收信号增强或衰减(增强或衰减取决于两个回波之间的相位差),这种现象称为多径散射。多径散射会在以下四种情况下发生:

(1) 旋转搜索雷达在俯仰向使用较宽的扇形波束(详见 2.1 节)。

(2) 雷达采用笔状波束天线(详见 2.1 节)观察接近雷达水平视线的目标。

(3) 机载雷达低掠射角观测低空目标。

(4) 雷达波束照射大结构体(建筑、大坝等)。

4. 多径效应

在平坦、理想反射表面条件下,多径散射回波叠加后,雷达接收信号功率为目标直接反射信号功率的 0~16 倍。相应地,多径散射条件下的雷达目标探测距离为无多径散射时雷达探测距离的 0~2 倍。当反射表面为非理想反射表面或弯曲时,多径散射条件下雷达接收信号起伏范围将会减小。

当雷达掠射角接近零时,接收信号电平和雷达探测距离接近最小值(对于平坦、理想反射表面,接收信号电平和雷达探测距离均为零)。随着掠射角的增大,雷达俯仰向波束分裂为多个波瓣,波瓣之间的角度间隔 $\Delta\varphi$ 为

$$\Delta\varphi = \frac{\lambda}{2h_R} \tag{4.8}$$

雷达低仰角观测时,多径散射会导致较大的角度测量误差[10]:

(1) 光滑反射表面条件下,当目标俯仰角小于 0.8 倍的雷达俯仰角波束宽度时,俯仰角测量误差大约是雷达俯仰向波束宽度的一半。光滑反射表面下多径散射不会导致方位角测量误差。

(2) 粗糙反射表面条件下,当目标俯仰角小于雷达俯仰向波束宽度时,俯仰角测量误差通常为 0.1 倍的雷达俯仰向波束宽度,方位角测量误差为 0.1~0.2 倍的雷达方位向波束宽度。

当雷达目标几何关系变化时,多径散射导致的测量误差随之起伏变化。多径散射导致的测量误差将被视为偏移误差,该偏移误差与其他测量误差相加可计算得到总的测量误差(详见 3.5 节)。

4.5 雷 达 杂 波

地/海面或雨反射的雷达回波称为杂波。杂波会干扰雷达接收目标信号,干扰程度可以通过接收的信号功率 S 与杂波功率 C 之比(简称信杂比)来描述。信杂比 S/C 取决于目标雷达截面积、杂波反射面积、杂波散射系数和雷达采用的杂波抑制技术(表 4.1)。信杂比与雷达灵敏度无关。

表 4.1　地/海杂波、雨杂波特性

杂波相关因素	地/海杂波对应因素取值	雨杂波对应因素取值
杂波反射区	$A_{\mathrm{C}} = \dfrac{R\theta_{\mathrm{A}}\Delta R}{\cos\gamma}$	$V_{\mathrm{C}} = \dfrac{\pi R^2\theta_{\mathrm{A}}\theta_{\mathrm{E}}\Delta R}{4}$
杂波反射系数	σ^0	η
与反射系数相关的因素	频率、入射余角、极化、地形、海况	$\eta = \dfrac{6\times10^{-14}\text{降雨量}^{1.6}}{\lambda^4}$
杂波抑制技术	动目标显示、脉冲多普勒	脉冲多普勒、极化
信杂比	$\dfrac{S}{C} = \dfrac{\sigma\mathrm{CRL_{BS}}}{\sigma^0 A_{\mathrm{C}}}(L_{\mathrm{BS}}\approx1.5)$	$\dfrac{S}{C} = \dfrac{\sigma\mathrm{CRL_{BS}}}{\eta V_{\mathrm{C}}}(L_{\mathrm{BS}}\approx2.1)$

当杂波服从高斯分布且脉冲间隔随机起伏时，S/C 可与 S/N 组合在一起，表示为

$$\frac{S}{C+N} = \frac{1}{\dfrac{C}{S}+\dfrac{N}{S}} \tag{4.9}$$

当雷达距离分辨单元内存在多个相当的散射点时，杂波通常服从高斯分布。因此，当计算雷达检测和测量性能时，S/N 可用 $S/(C+N)$ 来代替（详见 3.3 和 3.5 节）。

1. 产生杂波的反射面几何形状

在大多数情况下，干扰目标信号的杂波主要是与目标同距离、同角度分辨单元的杂波（采用脉冲多普勒波形的机载雷达旁瓣杂波较强，对目标信号也会造成干扰，这将在 5.3 节中另做介绍）。产生杂波的地海面散射单元面积 A_{C} 为

$$A_{\mathrm{C}} = \frac{R\theta_{\mathrm{A}}\Delta R}{\cos\gamma}\left[\frac{\pi R\theta_{\mathrm{E}}}{4\Delta R}\geqslant\tan\gamma\right] \tag{4.10}$$

式中，R 为目标与雷达之间的距离；θ_{A} 为方位向波束宽度；θ_{E} 为俯仰向波束宽度；ΔR 为距离分辨率；γ 为雷达视线与地海面之间的角度，称为掠射角。

对于高掠射角、低距离分辨率场景，地/海面散射区域面积与雷达俯仰向波束宽度 θ_{E} 有关，具体表示为

$$A_{\mathrm{C}} = \frac{\pi R^2\theta_{\mathrm{A}}\theta_{\mathrm{E}}}{4\sin\gamma}\left[\frac{\pi R\theta_{\mathrm{E}}}{4\Delta R}\leqslant\tan\gamma\right] \tag{4.11}$$

地/海面反射率由参数 σ^0 描述，此参数无单位，相当于单位平方米散射面积的雷达截面积。σ^0 通常远小于 1，用负 dB 值表示（大的反射率对应于小的负 dB 值）。地/海面散射单元的雷达截面积可表示为

$$\sigma_{\mathrm{C}} = \frac{\sigma^0 A_{\mathrm{C}}}{L_{\mathrm{BS}}} \tag{4.12}$$

式中，L_{BS} 为波束形状损耗，约为 1.5(1.6dB)。信杂比可计算为

$$\frac{S}{C} = \frac{\sigma CR L_{BS}}{\sigma^0 A_C} \qquad (4.13)$$

式中，CR 是杂波抑制比。雷达采用杂波抑制技术可有效提高信杂比。

2. 地海面反射率

地海面反射率 σ^0 由以下五个因素共同决定[30~32]：

（1）掠射角。σ^0 与掠射角 γ 的正弦成正比（$\gamma < 60°$）。

（2）频率。海面反射率与频率近似成正比。地面反射率通常随着雷达频率的增加而增加。

（3）地形。粗糙地形、起伏明显的植被对应的 σ^0 较大。例如，建筑物的反射率较大，其回波服从非高斯分布。

（4）海况。σ^0 随海况的增加而增加。

（5）极化。对于平坦地/海面，低掠射角下，垂直极化方式下的 σ^0 大于水平极化方式下的 σ^0。对于粗糙地面，高掠射角下，垂直极化方式和水平极化方式下的地面散射系数差异较小。

不同掠射角下，地/海面散射系数如图 4.12 和图 4.13 所示。

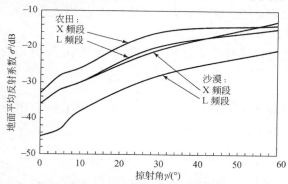

图 4.12　不同频段下，地面平均反射系数与掠射角之间的关系[30]

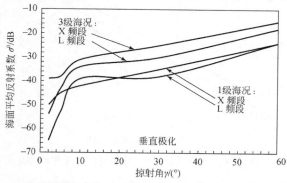

图 4.13　不同频段下，海面平均反射系数与掠射角之间的关系[30]

对于固定雷达,地面散射单元速度展宽较小,从而杂波多普勒频率展宽也较小。

(1) 对于地杂波,地面散射单元速度范围为 0(岩石地形)～0.33m/s(有风时的树林)。

(2) 对于海杂波,海面散射单元的速度约为风速的 0.125 倍。

(3) 旋转搜索雷达的旋转会引入一个杂波速度分量,杂波速度分量等于雷达天线边缘的速度。

3. 雨杂波

在大多数情况下,干扰目标信号的雨杂波主要是与目标同距离、同角度分辨单元的散射体所产生的雨杂波。

雨散射单元的体积 V_C 为

$$V_C = \frac{\pi R^2 \theta_A \theta_E \Delta R}{4} \qquad (4.14)$$

式中,R 为目标与雷达之间的距离;θ_A 和 θ_E 为雷达方位向和俯仰向波束宽度;ΔR 为距离分辨率。

式(4.14)假设雨充满了整个雷达距离分辨单元,当该假设不成立时,雨的体积则需要根据实际情况计算。

雨的反射率通过体反射率参数 η 来描述,单位为 m^{-1},其可表示为

$$\eta = \frac{6 \times 10^{-14} r^{1.6}}{\lambda^4} \qquad (4.15)$$

式中,r 为降雨量(图 4.14),单位为 mm/h。式(4.15)表明,雨反射率随着降雨量和雷达工作频率 4 次方的增大而增大。

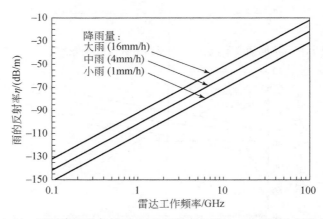

图 4.14　不同降雨量条件下,雨的反射率与雷达工作频率之间的关系

雷达距离分辨单元内的雨杂波对应的雷达截面积可表示为

$$\sigma_C = \frac{\eta V_C}{L_{BS}} \tag{4.16}$$

式中，L_{BS} 为波束形状损耗，约等于 2.1(3.2dB)。

雷达信杂比可表示为

$$\frac{S}{C} = \frac{\sigma CRL_{BS}}{\eta V_C} \tag{4.17}$$

式(4.17)表明，信杂比与 η 成反比，且随降雨量和雷达工作频率的减小而增大。

雨的速度通常为风速，速度展宽为 2～4m/s。

4. 杂波抑制

因为杂波主要是由雷达距离分辨单元中的散射点产生，因此通过提高雷达角度分辨率(窄波束宽度)和距离分辨率(大信号带宽)可降低杂波强度。此外，杂波抑制技术还包括以下三种：

(1) 动目标显示。动目标显示用于地基或海基雷达杂波抑制(详见 5.2 节)。

(2) 脉冲多普勒处理。脉冲多普勒处理用于机载、星载以及一些地基或海基雷达杂波抑制(详见 5.3 节)。

(3) 同圆极化发射与接收。同圆极化发射和接收可抑制球形雨滴回波，但对大多数复杂目标回波抑制效果甚微(详见 3.1 节)。

上述杂波抑制技术的杂波抑制能力与杂波特性、雷达稳定性和动态范围、杂波对消器设计和相关的信号处理等因素息息相关。典型的杂波抑制比为 20～40dB。

4.6　电离层效应

电离层是指高度在 55～1000km 的电离子层。地面雷达或机载雷达对空间目标进行观测、星载雷达对地面或空中目标进行观测时，雷达信号在电离层中传播会受电离层影响。电离层对雷达信号传播的影响与雷达工作频率成反比，电离层对工作频率在 1GHz 上的雷达信号传播影响较小[33]。

1. 电离层特性

电离层对信号传播的影响取决于沿信号路径积分的电子密度。当信号穿过电离层时，电离层效应随着仰角的增加而减弱。当信号传播在电离层中终止时，电离层效应随着路径的增长而增强。

电离层的电子密度变化较大，它取决于以下三方面：

(1) 太阳辐射。白天的太阳辐射比晚上的明显大很多。

(2) 纬度。电离层的电子密度在纬度为 20°左右和两极时最大。

（3）太阳黑子活动。电离层的电子密度在太阳黑子活动加剧时更大。

电子密度的变化使得预测电离层对雷达传播的影响并进行校正变得很困难。

2. 电离层衰减

电离层衰减与频率的平方成反比。电离层衰减对频率在 300MHz 以下的信号很明显。白天 VHF 和 UHF 频段下电离层衰减与雷达俯仰角的关系如图 4.15 所示。夜间任意俯仰角下的电离层衰减均小于 0.1dB[33]。

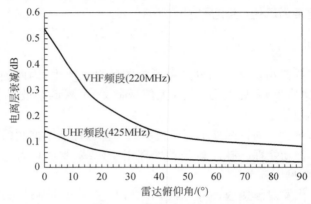

图 4.15　VHF、UHF 频段下，电离层衰减与雷达俯仰角之间的关系[33]

VHF 和 UHF 频段下，电离层电子密度的非均匀性会导致信号幅度和相位的随机起伏，而在 L 频段下这种现象有时才会出现。尽管这不会影响信号的平均功率，但会影响雷达检测性能，特别是当雷达采用相参积累时（详见 3.3 节）。

3. 电离层折射

电离层的折射系数小于 1，地面雷达的发射信号进入电离层时，传播路径会向下弯曲，当信号离开电离层时，信号传播路径会向上弯曲，这样，信号偏离了原来的传播路径，会导致俯仰角和距离测量误差，这些误差与雷达工作频率的平方成反比。

白天 VHF 和 UHF 频段下常规电离层导致的地面雷达距离和俯仰角测量误差如图 4.16～图 4.19 所示[33]，夜间的误差约为图 4.19 中所示误差的 1/3，白天电离层扰动期间的误差可能为图 4.19 中所示误差的 3 倍。电离层导致的测量误差变化范围如此之大，以至于很难对这些误差进行校正，除非能够准确测量电离层相关参数。

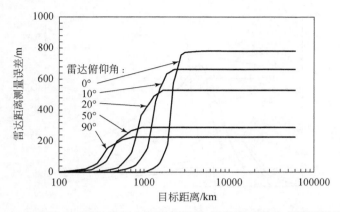

图 4.16 白天 220MHz 常规电离层条件下,俯仰角不同时,雷达距离测量
误差与目标距离之间的关系

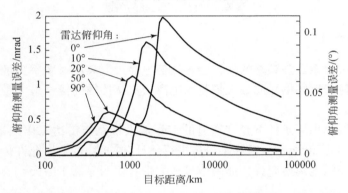

图 4.17 白天 220MHz 常规电离层条件下,俯仰角不同时,雷达俯仰角测量
误差与目标距离之间的关系

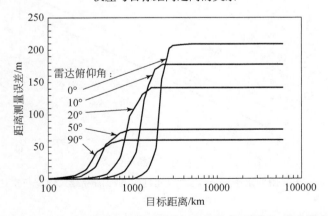

图 4.18 白天 425MHz 常规电离层条件下,俯仰角不同时,雷达距离测量
误差与目标距离之间的关系

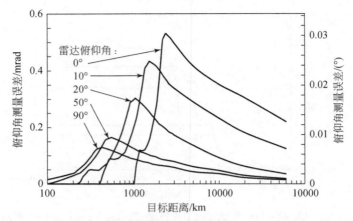

图 4.19　白天 425MHz 常规电离层条件下，俯仰角不同时，雷达俯仰角测量
误差与目标距离之间的关系

4. 频率分散

电离层折射系数随频率的变化会导致信号穿过电离层时频率分散。这限制了
电离层可支持传播的信号的最大带宽。电离层支持传播的信号最大带宽为雷达工
作频率的 1.5 倍。

白天常规电离层条件下允许通过的信号最大带宽与雷达工作频率、俯仰角之
间的关系如图 4.20 所示。对频率分散进行估计并补偿，可增加允许传播的信号的
最大带宽。夜间电离层允许传播的信号最大带宽要明显高于白天。

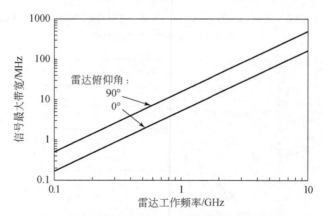

图 4.20　不同俯仰角条件下，电离层允许传播的信号最大带宽与雷达工作
频率之间的关系[33]

5. 极化旋转

当线极化信号通过电离层时,信号的极化会旋转。极化旋转的幅度与雷达工作频率的平方成反比。当雷达工作频率低于 2GHz 时,接收信号的极化与发射信号极化可能不一致[33],这样就会导致信号接收损耗,除非采用双线极化接收。若雷达采用圆极化,则信号不会受电离层极化旋转的影响。

4.7 电子对抗

雷达可能遭受有意的电子干扰,即电子对抗(electronic countermeasures, ECM)。电子对抗包括以下三类(表 4.2):

(1) 使用噪声干扰或箔条将目标回波淹没。

(2) 发射脉冲干扰信号或用物理假目标产生许多假目标使雷达混淆。

(3) 使用电子干扰装备或诱饵产生虚假目标,或通过波门拖引破坏目标跟踪。

表 4.2 常见的雷达对抗技术与反对抗技术[5]

分类	对抗技术	反对抗技术
压制干扰	主瓣干扰机	频率捷变
		烧穿
		被动跟踪
	旁瓣干扰机	低旁瓣
		频率捷变
		烧穿
		旁瓣对消器
	箔条云	动目标显示和脉冲多普勒
		距离高分辨
		速度高分辨
混淆干扰	脉冲干扰机	旁瓣匿影
		频率捷变
		跟踪
	拖曳诱饵	距离高分辨
		滤波器组
		跟踪
	碎片	滤波器组
		跟踪

分类	对抗技术	反对抗技术
欺骗干扰	转发干扰机	频率捷变
		脉冲重复频率捷变
		信号处理
	拖曳干扰机	信号处理
		跟踪
	箔条云	动目标显示和脉冲多普勒
		雷达测量
		跟踪
	诱饵	雷达测量
		跟踪

雷达设计人员和操作人员使用电子反对抗(electronic counter- countermeasures, ECCM)以降低电子对抗对雷达性能的影响。电子反对抗手段主要包括有针对性地对雷达进行设计、对雷达工作模式进行选择以及采用专门的电子反对抗技术。

常见的电子对抗技术和对应的电子反对抗技术如下所示。

1. 噪声干扰

噪声干扰通过增加噪声功率将雷达接收目标信号淹没以达到干扰效果。噪声干扰效果用信号与干扰功率比 S/J 来描述。当噪声干扰服从高斯分布时,S/J 可以与 S/N 结合形成总的信干噪比:

$$\frac{S}{J+N} = \frac{1}{\dfrac{1}{S/J} + \dfrac{1}{S/N}} \tag{4.18}$$

噪声干扰条件下,在计算雷达检测性能和测量性能时(详见 3.3 节和 3.5 节),需用 $S/(J+N)$ 将 S/N 替换。当干扰存在时,雷达经常采用恒虚警率技术来自动提高检测门限以保持虚警率恒定(详见 3.3 节)。

噪声干扰可以用噪声带宽 B_J 和有效发射功率(effective radiated power,ERP)描述,即在雷达方向干扰机发射的功率密度。其表达式可表示为

$$\text{ERP} = \frac{P_J G_J}{L_J} \tag{4.19}$$

式中,P_J 为干扰机发射功率;G_J 为干扰机在雷达方向的天线增益;L_J 为干扰机综合损耗。有效发射功率的单位为 dB 或 dBW(详见 6.3 节)。

当干扰信号频率在雷达工作频率范围内时,干扰才能对雷达产生压制效果。如果干扰机不知道雷达工作频率或者雷达每个脉冲的工作频率变化(频率捷变),

那么干扰机就必须采用较宽的干扰带宽 B_J 以确保干扰信号频率进入雷达工作频率范围,这称为阻塞干扰。

式(4.19)成立的前提是干扰机极化与雷达极化一致。如果干扰机不知道雷达极化或不能控制自身的极化方向,那么必须使用两个极化正交的独立噪声源来对雷达进行干扰,此时,式(4.19)计算得到的是每个极化通道的有效发射功率。

噪声干扰效果与雷达采用电子反对抗技术、干扰机处于雷达主瓣波束内还是旁瓣波束内有关。

(1)主瓣干扰(main lobe jamming,MLJ)。干扰信号从雷达主瓣进入。干扰机位于目标上时,该干扰称为自卫干扰(self-screening jamming,SSJ);干扰机位于目标附近的平台上时,该干扰称为随队支援干扰(escort support jamming,ESJ)。主瓣干扰下雷达信干比可表示为

$$\frac{S}{J}=\frac{P_P G_T \sigma P C B_J}{4\pi R^2 B L_T \mathrm{ERP}} \tag{4.20}$$

式中, L_T 为雷达发射损耗; $B_J \geqslant B$ 。信干比由目标信号和干扰机有效发射功率共同决定,与接收机参数无关。雷达通过脉冲积累可以提高 S/J(详见3.2节)。雷达信干比达到某一期望值时的目标距离称为烧穿距离,其可表示为

$$R=\left(\frac{P_P G_T \sigma P C B_J}{4\pi \dfrac{S}{J} B L_J \mathrm{ERP}}\right)^{1/2} \tag{4.21}$$

因为主瓣干扰机在目标上或在目标附近,所以雷达通过跟踪干扰即可获得目标位置。

(2)旁瓣干扰(side lobe jamming,SLJ)。干扰信号通过雷达旁瓣进入雷达。旁瓣干扰的干扰机部署位置离雷达较远,通常在敌方武器系统杀伤范围之外,这称为远距离支援干扰(stand-off jamming,SOJ)。旁瓣干扰信干比可表示为

$$\frac{S}{J}=\frac{P_P G_T \sigma P C R_J^2 B_J}{4\pi R^4 B S L L_T \mathrm{ERP}} \tag{4.22}$$

式中, R_J 为干扰机与雷达之间的距离;SL 为雷达在干扰机方向的旁瓣增益(旁瓣增益小于1,为一负的 dB 值)。旁瓣干扰机通常具有比主瓣干扰机更高的功率和增益,以克服雷达旁瓣增益低和距离远的问题,但前提是干扰机天线对准雷达。旁瓣干扰的烧穿距离可表示为

$$R=\left(\frac{P_P G_T \sigma P C R_J^2 B_J}{4\pi \dfrac{S}{J} B S L L_J \mathrm{ERP}}\right)^{1/4} \tag{4.23}$$

旁瓣对消器(side lobe canceller,SLC)旨在降低雷达在干扰方向的旁瓣电平。它利用辅助天线来接收干扰信号,并对接收的干扰信号的幅度和相位进行调整,调整后的干扰信号与雷达主通道接收信号相减以消除主通道中的干扰。消除多个方向的干扰要使用多个辅助天线。相控阵雷达能够对阵元信号进行加权,从而使雷

达天线在干扰方向的旁瓣电平最小。旁瓣对消可抑制干扰 20dB 或更多。

2. 脉冲干扰

脉冲干扰机可以产生虚假雷达信号以欺骗雷达操作人员或信号处理器。常见的脉冲干扰技术有以下四种：

(1) 旁瓣混淆干扰。旁瓣混淆干扰可在雷达旁瓣区域产生大量的虚假目标，使雷达必须对这些虚警目标进行鉴别和剔除。雷达使用旁瓣消隐器（SLB）可抑制旁瓣干扰。旁瓣消隐器使用辅助天线感知干扰进入旁瓣的脉冲到达时间，并在这些脉冲周期内对雷达主接收通道进行消隐。旁瓣消隐与旁瓣对消不同，旁瓣消隐只在干扰脉冲到达期间进行消隐，它不能对连续干扰进行消隐。

(2) 扫频干扰。扫频干扰可在雷达工作频段生成多个虚假目标。通过快速扫描，干扰机可产生类似宽带噪声干扰的效果，目标信号将被干扰信号淹没。

(3) 转发干扰。转发干扰机接收雷达信号后将接收信号转发以生成多个虚假目标。干扰机转发信号与雷达发射信号同步，以形成稳定假目标或航迹。如果雷达工作频率发生变化，那么转发干扰机的频率也跟着发生变化，这就使得虚假目标的位置落后于干扰机或真实目标的位置（干扰机通常搭载在真实目标上）。

(4) 拖曳干扰。拖曳干扰机通常位于目标上。当目标被雷达跟踪时，目标发射经过时间调制和相位调制的欺骗信号来使得雷达距离跟踪门或角度跟踪门拖离实际目标，从而使雷达丢失目标。

旁瓣消隐、频率捷变和参差重频可降低脉冲干扰对雷达的不利影响。雷达通过这些方法将干扰消除后，雷达信号处理机和数据处理机再对剩余信号进行相位处理。

3. 箔条干扰

箔条干扰由很多小的分布在目标周围的箔条产生。箔条回波将目标回波淹没。箔条可部署在目标周围成云团状，或者部署成一条走廊，目标从该走廊通过。

箔条干扰效果可用信号功率与箔条回波功率的比值 S/C 来描述。当箔条干扰回波服从高斯分布时，S/C 可与 S/N 组合在一起，最终形成信干噪比：

$$\frac{S}{C+N}=\frac{1}{\dfrac{C}{S}+\dfrac{N}{S}} \tag{4.24}$$

此时，在计算雷达检测和测量性能时，S/N 需用 $S/(C+N)$ 代替（详见 3.3 和 3.5 节）。

箔条干扰经常由与雷达频率共振的偶极子来实现。偶极子长度为 $\lambda/2$，全方位的雷达截面积平均值为 $0.15\lambda^2$ [20]。n_C 个偶极子总的雷达截面积为

$$\sigma_C=0.15n_C\lambda^2 \tag{4.25}$$

根据经验,箔条雷达截面积与箔条的重量相关,具体可表示为[6]

$$\sigma_C \approx 22000 \lambda W_C \tag{4.26}$$

式中,W_C 为总的箔条重量,单位为 kg。箔条在高空散开后的等效重量等于箔条自身重量。

偶极子箔条反射回波信号可覆盖雷达发射信号 10% 的带宽。当雷达带宽较大或雷达信号覆盖多个频段时,箔条干扰需要使用多种长度的箔条。

与目标处于同一距离和同一角度分辨单元箔条回波与目标信号叠加在一起,从而形成箔条干扰。雷达距离角度分辨单元内的箔条体积 V_C 为

$$V_C = \frac{\pi R^2 \theta_A \theta_E \Delta R}{4} \tag{4.27}$$

式中,R 为目标距离;θ_A 和 θ_E 为雷达方位角和俯仰角波束宽度;ΔR 为距离分辨率。式(4.27)成立的前提是箔条充满了整个雷达分辨单元,当该前提不成立时,则需要根据实际情况计算在分辨单元内的箔条体积。

假定箔条在体积 V_T 中均匀分布,则分辨单元内箔条的雷达截面积为

$$C = \frac{\sigma_C V_C}{V_T L_{BS}} \tag{4.28}$$

式中,L_{BS} 为箔条的波束形状损耗,$L_{BS} \approx 2.1 (3.2 dB)$。雷达信干比为

$$\frac{S}{C} = \frac{\sigma V_T L_{BS} CR}{\sigma_C V_C} \tag{4.29}$$

式中,CR 为箔条干扰抑制比。由于箔条通常分布不均匀,因此式(4.28)和式(4.29)只用于近似计算。

大气中箔条的速度很快会降到与空气速度一样,而空中目标的速度通常较大。利用这一差异,MTI(详见 5.2 节)或脉冲多普勒处理(详见 5.3 节)可将箔条干扰抑制达 20~40dB。大气层外箔条的速度扩展与其散开机制相关,径向速度分辨率较高的波形(详见 5.1 节)可用于抑制箔条干扰。

4. 假目标

物理假目标可用于混淆或欺骗雷达。物理假目标包括以下四种:

(1)拖曳诱饵。拖曳诱饵是与被保护目标外形相似的一些物体。这种干扰的目的是使雷达处理器过载。雷达对目标雷达截面积或雷达截面积起伏度进行过门限或滤波处理可实现干扰抑制。

(2)火箭或导弹碎片。这些碎片可产生与拖曳诱饵类似的干扰效果。

(3)箔条云。箔条云具有假目标欺骗干扰效果。雷达利用多次观测数据或速度信息可对其进行抑制。

(4)复制诱饵。复制诱饵与真实目标的雷达特征相似,且具有稳定的航迹。复制诱饵和真实目标鉴别技术将在 5.5 节讨论。

第 5 章　雷 达 技 术

5.1　波　　形

雷达波形在很大程度上决定了雷达可获取目标信息的类型和质量。

1. 波形特性

雷达波形的关键特性包括以下三种：

（1）能量。信噪比与波形能量成正比（详见 3.2），其影响目标检测概率和测量精度（详见 3.3 节和 3.5 节）。当雷达峰值功率 P_P 为常数时，波形能量 E 可表示为

$$E = \tau P_P \tag{5.1}$$

式中，τ 为波形持续时间。设置波形的长度必须考虑发射机能力（第 2.2 节）和最小探测距离约束（详见 1.3 节）。

（2）分辨率。波形分辨率决定了雷达在距离维或径向速度维分辨相邻目标的能力。这些目标必须在距离、径向速度或角度上可分辨，这样才能对目标进行计数、单独观测和跟踪。距离分辨率由两个回波信号可分辨的时间差决定。对于匹配滤波器，时间分辨率 τ_R 是信号带宽 B 的倒数，距离分辨率 ΔR 可表示为

$$\Delta R = \frac{c \tau_R}{2} = \frac{c}{2B} \tag{5.2}$$

径向速度分辨率由两个信号频谱可分辨的频率差决定。雷达采用匹配滤波后，频率分辨率 f_R 是波形持续时间 τ 的倒数，径向速度分辨率 ΔV 可表示为

$$\Delta V = \frac{\lambda f_R}{2} = \frac{\lambda}{2\tau} \tag{5.3}$$

（3）干扰抑制。波形在距离或径向速度上的旁瓣以及波形的模糊响应可能会导致较强的回波信号。波形设计必须考虑能够抑制这些回波信号，至少在感兴趣目标对应的距离—速度区域可对其进行抑制。

雷达模糊函数表明，波形响应的总和是一个定值[34,35]。某一维分辨率的提升会导致其他维分辨率的下降，或者会导致旁瓣、模糊响应的恶化。因此，波形的设计与选择需要综合考虑波形特性、目标与干扰特性以及想获得的信息。常见的波形类型如表 5.1 所示[5,34,35]。

表 5.1　常见波形的特性

波形类型	脉冲压缩比（PC = τB）	主要约束
固定频率脉冲	1	距离、速度分辨率较低
线性调频脉冲	$>10^4$	距离-速度耦合
相位编码脉冲	$10^2 \sim 10^3$	旁瓣较高
脉冲串	$>10^8$	距离、速度模糊度高

2. 时宽带宽积

距离分辨率和径向速度分辨率[式（5.2）、式（5.3）]的乘积与雷达频率、τB 成反比，具体可表示为

$$\Delta R \Delta V = \frac{\lambda c}{4\tau B} = \frac{c^2}{4f\tau B} \tag{5.4}$$

时宽带宽积用来衡量波形距离分辨和径向速度分辨的能力，固定频率脉冲的时宽带宽积等于 1，对于一些脉冲压缩波形，其值可大于 10^8（图 5.1）。对于同样宽度的脉冲波形，固定频率脉冲波形的距离分辨率较脉冲压缩波形的距离分辨率低 τB 倍。脉冲压缩因子可表示为

$$PC = \tau B \tag{5.5}$$

对于匹配滤波器，脉冲压缩因子等于脉冲压缩带来的信号功率增益（详见 3.2 节）。

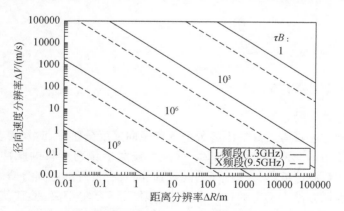

图 5.1　各种时宽带宽积下的距离分辨率和径向速度分辨率

3. 固定频率波形

此波形包括连续波和简单脉冲，该波形幅度固定、频率固定、持续时间为 τ。该波形的分辨率参数包括以下五个：

(1) 时间分辨率，$\tau_R = \tau$。

(2) 距离分辨率，$\Delta R = \dfrac{c\tau}{2}$。

(3) 频率分辨率，$f_R = \dfrac{1}{\tau}$。

(4) 径向速度分辨率，$\Delta V = \dfrac{\lambda}{2\tau}$。

(5) 时宽带宽积，$\tau B = 1$。

固定频率波形较易生成和处理，但这种波形的距离分辨率和径向速度分辨率较低（图 5.1）。使用这种波形时通常只考虑它的距离分辨率，通过选择脉冲持续时间 τ 以得到期望的距离分辨率。当需要利用长脉冲提供有用的径向速度分辨率时，由于匹配滤波器的频谱宽度较小，此时需要使用多个匹配滤波器（如滤波器组）才能覆盖目标径向速度范围对应的频谱宽度。

4. 线性调频脉冲

线性调频脉冲幅度固定、持续时间为 τ，在脉冲持续期间内信号频率在带宽 B 内随着时间线性增加或减少。这种特性与音频脉冲的特性相同，因此这种脉冲常称为 Chirp 脉冲。线性调频脉冲波形的分辨率参数包括以下五个：

(1) 时间分辨率，$t_R = \dfrac{1}{B}$。

(2) 距离分辨率，$\Delta R = \dfrac{c}{2B}$。

(3) 频率分辨率，$f_R = \dfrac{1}{\tau}$。

(4) 径向速度分辨率，$\Delta V = \dfrac{\lambda}{2\tau}$。

(5) 时宽带宽积，τB。

线性调频脉冲具有良好的距离分辨率和径向速度分辨率，时宽带宽积为 10^4 量级或更大。使用单个匹配滤波器即可对具有较宽多普勒频移的脉冲信号进行处理。长线性调频脉冲波形具有较高的能量，同时具有良好的距离分辨率。

使用线性调频波形测得的目标距离会偏移目标真实距离，偏移值与目标径向速度成正比，这称为距离多普勒耦合。距离偏移 R_O 可表示为

$$R_O = \frac{\tau f V_R}{B} \tag{5.6}$$

当目标径向速度已知时，距离偏移可校正。

5. 相位编码波形

相位编码波形由 n_S 个持续时间为 τ_S 的子脉冲组成，每个子脉冲具有一个相对

于其他子脉冲的特定相位。相位编码波形总的持续时间为

$$\tau = n_S \tau_S \qquad\qquad (5.7)$$

最常见的相位编码波形是二进制相位编码或反相编码波形,该波形子脉冲的相对相位为 $0°$ 或 $180°$。相位编码波形的分辨率参数包括以下五个:

(1) 时间分辨率,$t_R = \tau_S$。

(2) 距离分辨率,$\Delta R = \dfrac{c\tau_S}{2}$。

(3) 频率分辨率,$f_R = \dfrac{1}{\tau}$。

(4) 径向速度分辨率,$\Delta V = \dfrac{\lambda}{2\tau}$。

(5) 时宽带宽积为 n_S。

相位编码波形具有较好的距离分辨率和径向速度分辨率,时宽带宽积在 $100 \sim 1000$。但是,相位编码波形的旁瓣电平高于简单脉冲波形和线性调频波形的旁瓣电平,这种波形不适用于目标具有大的多普勒频移的场景。当目标速度较大时,需要多个匹配滤波器(如滤波器组)来覆盖目标径向速度范围对应的频谱宽度。长相位编码波形具有较高的能量,同时具有良好的距离分辨率。

6. **脉冲串波形**

这些波形由 n_S 个子脉冲组成,每个子脉冲持续时间为 τ_S,脉冲间时间间隔为 τ_P。波形的总持续时间 τ 为

$$\tau = \tau_S + (n_S - 1)\tau_P \approx n_S \tau_P \qquad\qquad (5.8)$$

子脉冲可能为固定频率脉冲,带宽为 $B_S = 1/\tau_S$,也可能是压缩脉冲,具有较宽的信号带宽 B_S。雷达通常对整个脉冲串进行相参处理。脉冲串波形的分辨率参数包括以下五种:

(1) 时间分辨率,$t_R = \dfrac{1}{B_S}$。

(2) 距离分辨率,$\Delta R = \dfrac{c}{2B_S}$。

(3) 频率分辨率,$f_R = \dfrac{1}{\tau} \approx \dfrac{1}{n_S \tau_P}$。

(4) 径向速度分辨率,$\Delta V = \dfrac{\lambda}{2\tau} \approx \dfrac{\lambda}{2n_S \tau_P}$。

(5) 时宽带宽积为 $\tau B = n_S \tau_P B_S$。

脉冲串波形时间持续较长,子脉冲带宽较宽,时宽带宽积 τB 可达 10^8 以上,因此其具有较高的距离分辨率和较高的径向速度分辨率。

以上这些波形在距离和径向速度上具有周期性的模糊度峰值,峰值间隔分为

以下四种：

(1) 时间间隔，τ_P。

(2) 距离间隔，$\dfrac{c\tau_P}{2}$。

(3) 频率间隔，$\dfrac{1}{\tau_P}$。

(4) 径向速度间隔，$\dfrac{\lambda}{2\tau_P}$。

这些模糊性会导致测量误差和目标混淆。然而，通过合理选择 τ_P 和 λ，高分辨率波形可将目标群分辨开来。脉冲串波形可在距离-径向速度分辨单元对大气外箔条回波进行抑制（详见 4.7 节）。将脉冲间隔设置为非均匀的可以有效降低模糊度峰值，但代价是距离维和径向速度维的模糊性区域将会变宽。

5.2　动目标显示和相位中心偏置天线

地海杂波谱中心频率在零频附近，并具有一定的展宽（详见 4.5 节）。地基雷达通常采用动目标显示抑制杂波，动目标显示在抑制杂波的同时不会影响具有较大径向速度的目标回波。动目标显示通过两个或多个脉冲回波的相干处理来实现。从频域来看，它在零频附近产生一个凹口滤波器，从而将杂波谱抑制掉。相位中心偏置天线（displaced phase center antenna，DPCA）是动目标显示在机载雷达上的扩展应用，其中机载雷达杂波谱中心频率和杂波谱宽随着飞机速度的增加而增加。

1. 杂波对消

动目标显示可用两脉冲对消器或者多脉冲对消器来实现。两脉冲对消器将两个连续的脉冲回波相减，可在零频处产生一个深凹口对杂波进行抑制。多脉冲对消器对三个或更多个脉冲回波进行处理，其在零频处会产生一个更宽的凹口，能够更好地抑制具有一定多普勒谱展宽的杂波（详见 4.5 节）。动目标显示改善因子定义为杂波抑制前后雷达信杂比（S/C）增量，它随着杂波谱的展宽而降低，随着脉冲重复频率和波长的增加而降低。三脉冲对消器的改善因子大于两脉冲对消器的改善因子[36]（图 5.2）。

2. 动目标显示对目标信号的影响

在抑制杂波的同时，动目标显示也会将静止或径向速度较小的目标信号抑制掉。注意，速度与雷达视线垂直的高速目标的回波也会被抑制。目标信号不受动目标显示显著影响时的目标径向速度称为最小可检测速度（minimum detectable

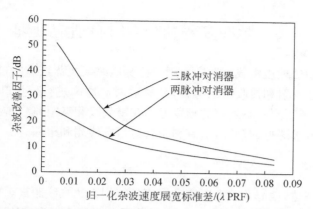

图 5.2　两脉冲、三脉冲对消器的杂波改善因子与归一化杂波速度展宽标准差之间的关系[36]

velocity，MDV)。如果 MDV 定义为经动目标显示处理前后目标信号功率不变时目标对应的速度[36]，那么 MDV 可近似计算为

$$MDV \approx 0.08\lambda PRF \tag{5.9}$$

动目标显示滤波器在脉冲重复频率倍频处也产生凹口。PRF 倍频处对应的目标径向速度称为盲速 V_B，其表示为

$$V_B = \pm \frac{n\lambda PRF}{2} \tag{5.10}$$

式中，n 为整数。在每个盲速 $\pm$ MDV 范围内，经动目标显示处理后的目标信号电平低于动目标显示前的目标信号电平。雷达采用高脉冲重复频率时不存在盲速，多脉冲间采用不同的脉冲重复频率可以避免盲速。

3. 相位中心偏置天线

对于具有较大速度的机载和星载雷达，杂波散射单元相对于雷达的径向速度很大，主瓣杂波径向速度展宽会明显大于杂波实际的径向速度展宽（详见第 5.3 节）。相位中心偏置天线在多个脉冲间将雷达天线相位中心向平台运动相反的方向移动，然后利用多个脉冲回波来消除杂波径向速度展宽。相位中心偏置天线通过选择平台上纵向天线阵列的不同部分相继发射和接收信号来实现相位中心移动。雷达脉冲重复频率需根据相位中心间隔 d 和平台速度 V_P 进行调整，三者之间的关系为

$$PRF = \frac{V_P}{d} \tag{5.11}$$

相位中心偏置天线是空时自适应处理（详见 5.3 节）的一个特例。机载和星载雷达也可采用脉冲多普勒处理来抑制杂波（详见 5.3 节）。

5.3　脉冲多普勒和空时自适应处理

脉冲多普勒处理被机载雷达广泛用于检测地海杂波背景中的目标。脉冲多普勒处理是指雷达发射和接收一组脉冲串,然后对脉冲串进行傅里叶变换或类似的处理,以将信号解析到一系列窄的频段上。在窄频段和高距离分辨条件下,目标分辨单元中的杂波被降低或消除,这有利于雷达目标检测和跟踪。

1. 杂波特性

对于机载雷达,地海杂波在距离上一直延续到雷达视线距离(详见 4.4 节),其径向速度范围为 $\pm V_P\cos\phi_D$,其中 V_P 为机载平台速度,ϕ_D 为雷达速度与雷达波束中心之间的夹角。

雷达波束中心的杂波径向速度 V_C 可表示为(图 5.3)

$$V_C = V_P\cos\phi_A\cos\phi_D \tag{5.12}$$

式中,ϕ_A 为平台速度与雷达波束中心之间的方位向夹角。

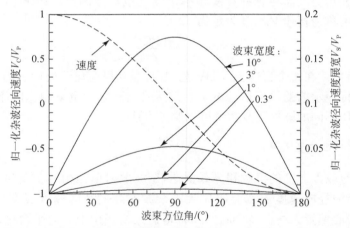

图 5.3　不同方位波束宽度下,归一化杂波径向速度和归一化杂波径向速度展宽与波束方位角之间的关系(假设波束俯仰角为 0°)

雷达主瓣杂波速度展宽 V_S 为

$$V_S = V_P\theta_A\,|\sin\phi_A|\,\cos\phi_D \tag{5.13}$$

式中,θ_A 为方位向波束宽度。式(5.13)中的 V_S 指的是方位向波束半功率点处的速度尺宽(两个波束零点之间的 V_S 约为该值的两倍)。考虑雷达主瓣杂波,目标的 MDV 为

$$\mathrm{MDV} = 0.5V_P\theta_A\,|\sin\phi_A|\,\cos\phi_D \tag{5.14}$$

杂波也会从雷达旁瓣进入,特别是对于采用高脉冲重复频率波形的雷达,旁瓣杂波很强。由于高脉冲重复频率会导致距离模糊,因此多个距离单元的杂波叠加在一起,这使得远距离的目标回波与近距离的杂波叠加在一起,使得目标检测困难。旁瓣杂波径向速度与方位角相关[式(5.13)]。旁瓣杂波从近360°的方位范围内进入雷达接收机,其频谱宽度为 $V_{\mathrm{P}}\cos\phi_{\mathrm{D}}$。旁瓣杂波对应的距离范围由雷达距离分辨率决定(详见 4.5 节)。

高掠射角下,地海面距离雷达较近,且地海面反射率较大,此时杂波很强(详见 4.5 节)。此杂波通常称为高度杂波,高度杂波谱宽较窄,中心频率在零频附近。

2. 机载动目标显示(airborne moving target indication,AMTI)

机载雷达通常采用脉冲多普勒处理来检测飞机。雷达采用脉冲多普勒处理时经常在距离和径向速度上都存在模糊。雷达脉冲重复频率决定了最大不模糊距离 R_{A} 和最大不模糊径向速度 V_{A}(图 5.4),R_{A} 和 V_{A} 分别表示为

$$R_{\mathrm{A}}=\frac{c}{2\mathrm{PRF}} \tag{5.15}$$

$$V_{\mathrm{A}}=\frac{\lambda\mathrm{PRF}}{2} \tag{5.16}$$

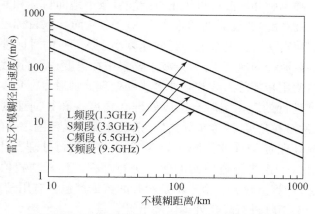

图 5.4 不同频段下,雷达不模糊径向速度与不模糊距离之间的关系

脉冲多普勒雷达可使用低脉冲重复频率、中脉冲重复频率、高脉冲重复频率三个等级的脉冲重复频率,具体采用哪个等级的脉冲重复频率取决于目标特性和雷达目标几何关系(表 5.2)。

(1)低脉冲重复频率在距离维不模糊,但在径向速度维高度模糊。当目标高度较高、远离雷达视平线或者目标俯仰角较大、杂波较弱时,目标不在主瓣杂波内,雷达常采用低脉冲重复频率。

(2)中脉冲重复频率在距离和径向速度维均模糊,但当雷达跟踪上目标时,距

离和速度模糊均可解算。当目标处于旁瓣杂波区域时,雷达通常使用中脉冲重复频率。

(3) 高脉冲重复频率在径向速度维不模糊,但在距离维高度模糊。高脉冲重复频率主要用于目标径向速度超过雷达平台速度 V_P 的场景,如机载雷达探测迎头飞行目标。高脉冲重复频率下,目标信号在频域不受杂波影响。

表 5.2　PRF 分类

级别	特性	范围
低脉冲重复频率	距离不模糊 速度高度模糊	$\mathrm{PRF} \leqslant \dfrac{c}{2R_{\mathrm{MAX}}}$
中脉冲重复频率	距离和速度模糊 模糊可解算	$\dfrac{c}{2R_{\mathrm{MAX}}} < \mathrm{PRF} < \dfrac{2V_{\mathrm{RMAX}}}{\lambda}$
高脉冲重复频率	速度不模糊 距离高度模糊	$\mathrm{PRF} > \dfrac{2V_{\mathrm{RMAX}}}{\lambda}$

注:R_{MAX} 表示目标最远距离;V_{RMAX} 表示目标最大径向速度。

3. 地面动目标显示(ground moving target indication,GMTI)

中脉冲重复频率脉冲串波形可用于对杂波背景下地面目标和其他低速目标进行观测。但是,杂波径向速度展宽通常大于 MDV,从而导致目标难以检测。空时自适应处理能够使雷达对主瓣杂波中径向速度小于 MDV 的目标进行观测。

不同方位的杂波径向速度不同,杂波主要集中在角度-径向速度二维平面中的对角区域。雷达使用相控阵天线和脉冲多普勒处理分别对目标角度(空间)维和径向速度(时间)维进行处理。空时自适应处理在角度维和径向速度维进行联合处理,能够实现雷达对在角度-速度单元之内、杂波速度扩展范围之外的目标的观测。

空时自适应处理对 M 个水平阵元的 N 个脉冲串进行处理。计算得到的 NM 个复数加权值对每个距离分辨单元的信号进行加权。计算加权值需要对 $NM \times NM$ 维矩阵求逆,计算量较大。由于不是所有的数据都包含有用信息,因此空时自适应处理通常会对矩阵进行降秩处理以降低计算量。

5.4　合成孔径雷达

合成孔径雷达利用飞机或卫星等雷达搭载平台的移动通过合成可以得到很长的天线孔径。当雷达平台移动时,雷达发射和接收一系列脉冲,然后使用类似傅里叶变换的算法对这些脉冲进行相参处理以达到很高的方位向分辨率。该方位向分辨率要远高于雷达采用实际物理天线所具有的方位向分辨率(详见 2.1 节)。这一方位向分辨率通常与雷达距离分辨率相当(详见 5.1 节),因此合成孔径雷达可对地面或海面进行两维成像。

合成孔径雷达的合成孔径长度 W_S 可表示为

$$W_S = V_P t_P \tag{5.17}$$

式中，V_P 为平台运动速度；t_P 为相参处理时间。合成孔径对应的等效波束宽度为

$$\theta_S = \frac{\lambda}{2W_S \cos\varphi} = \frac{\lambda}{2V_P t_P \cos\varphi} \tag{5.18}$$

式中，φ 为平台速度方向与天线法线之间的夹角。合成孔径等效波束宽度等于具有相同尺寸的实际天线波束宽度的一半。横向距离分辨率 ΔD 为

$$\Delta D = \frac{R\lambda}{2W_S \cos\varphi} = \frac{R\lambda}{2V_P t_P \cos\varphi} \tag{5.19}$$

合成孔径雷达的脉冲重复频率必须足够高，从而避免栅瓣。PRF 的取值范围为

$$\text{PRF} \geqslant \frac{4V_P}{W} \approx \frac{4V_P \theta_A}{\lambda} \tag{5.20}$$

式中，W 为实际孔径长度；θ_A 为实际孔径方位向波束宽度[37]。

合成孔径雷达相参处理期间信号相位的变化率决定了目标的横向位置。雷达对具有一定径向速度的运动目标成像时，图像中目标的角度会偏离其真实角度。通过一些处理方法可对这种角度偏移实现检测和校正。

传统的合成孔径雷达可生成二维图像。一些合成孔径雷达在垂直方向架设两根天线，然后利用干涉原理对两根天线的合成孔径雷达图像进行处理可测量得到地面高度，从而实现三维成像。

合成孔径雷达成像依赖于雷达平台的移动。当目标旋转或雷达与目标相对运动使得雷达观测角发生变化时，合成孔径雷达也可对目标进行成像。这种成像雷达称为逆合成孔径雷达，这将在 5.5 节中讨论。

在合成孔径长度 W_S 一定时，合成孔径雷达的横向距离分辨率取决于合成孔径雷达采用的信号处理方法。下面介绍三种成像处理方法。

1. 多普勒波束锐化

多普勒波束锐化(Doppler beam sharpening, DBS)又称非聚焦多普勒处理，它假设连续脉冲回波相位线性变化。采用多普勒波束锐化处理时，合成孔径长度必须足够小，以保证在处理期间的目标距离变化相对于雷达波长较小。合成孔径长度取值范围为

$$W_S \leqslant \sqrt{R\lambda} \tag{5.21}$$

合成孔径波束宽度取值范围为

$$\theta_S \geqslant \frac{1}{2}\sqrt{\frac{\lambda}{R}} \tag{5.22}$$

横向距离分辨率取值范围为

$$\Delta D \geqslant \frac{\sqrt{R\lambda}}{2} \tag{5.23}$$

尽管雷达采用多普勒波束锐化处理时横向距离分辨率较低,但多普勒波束锐化技术易于实现,并且可以改善雷达对紧邻目标的方位分辨,提高雷达方位角测量精度。

2. 侧视合成孔径雷达

侧视合成孔径雷达采用了聚焦处理方法。当雷达移动时,聚焦处理方法对相位变化进行校正。在雷达平台运动过程中,侧视合成孔径雷达会生成连续的地形图像,该图像称为条带地图。

合成孔径长度受方位观测角的约束,因为方位观测角需要保证目标处于实际天线孔径波束范围内。实际天线孔径波束宽度为 θ_A、观测角为 φ 时,合成孔径长度取值范围为

$$W_S \leqslant \frac{R\theta_A}{\cos\varphi} \approx \frac{R\lambda}{W\cos\varphi} \tag{5.24}$$

式中,W 为实际天线孔径长度在观察方向的投影。合成孔径波束宽度取值范围为

$$\theta_S \geqslant \frac{\lambda}{2R\theta_A} \approx \frac{W}{2R} \tag{5.25}$$

横向距离分辨率取值范围为

$$\Delta D \geqslant \frac{\lambda}{2\theta_A} \approx \frac{W}{2} \tag{5.26}$$

许多专用的合成孔径雷达天线指向与合成孔径雷达平台运动方向垂直,即 $\varphi = 0$,$\cos\varphi = 1$。多功能机载雷达波束通常偏离平台运动法线方向,在这种情况下,合成孔径长度增加,合成波束宽度更窄,但侧向波束展宽使得最终合成波束宽度展宽,最终,非正侧视的合成波束宽度与正侧视的相同。

3. 聚束合成孔径雷达

在这种模式下,合成孔径雷达相参处理时间内,实际天线孔径波束一直对准目标。这种信号处理方法的重点是对目标距离变化导致的相位变化进行校正。合成孔径长度、波束宽度以及横向距离分辨率分别由式(5.17)～式(5.19)给定。当对偏离法线方向的目标进行观测时,合成孔径波束宽度和横向距离分辨率随 arccosφ 的变化而变化。

当相参处理时间很长、距离分辨率较高时,聚束合成孔径雷达要根据目标在纵向和横向距离分辨单元的徙动进行校正,这称为扩展相参处理。

对横向距离分辨率要求较高时,雷达成像采用聚束合成孔径雷达。这与采用

大尺寸天线提高灵敏度的道理类似。聚束合成孔径雷达成像的面积受实际天线孔径波束宽度限制。相控阵雷达能够以一定的脉冲重复频率依次对多个区域进行照射,然后同时生成多个区域的图像,甚至可以生成与条带地图等效的图像。

5.5　分类、鉴别与目标识别

雷达可以根据探测信息来判别目标。目标判别分为如下三个等级(表 5.3):

(1) 分类。分类是指确定目标的类型或种类,如战斗机、直升机、导弹或卡车,这通常可以根据目标运动特征和雷达测得的目标尺寸来判断。

(2) 鉴别。鉴别是指区分关注目标和类似目标,类似目标包括诱饵目标。鉴别通常需要对目标的雷达特征和运动参数进行测量。

(3) 识别。识别是指判断目标的真实身份,如舰船或运输机的型号。将雷达获取的目标特征信息与已知目标的结构信息进行对比可实现目标识别,但目标识别通常需要目标合作和目标应答。

表 5.3　目标判别类型和涉及的雷达技术

判别类型	涉及的雷达技术
分类	跟踪
	雷达截面积测量
	长度测量
	结构信息
鉴别	雷达截面积和雷达截面积起伏测量
	一维距离像
	频谱特征
	距离多普勒图像
	精密跟踪
识别	结构信息
	二次监测雷达/敌我识别应答

支持雷达分类、鉴别、识别的雷达数据类型如下所示。

1. 雷达跟踪数据

雷达跟踪得到的目标航迹特性可为目标判别提供有用信息。

(1) 目标航迹的粗测结果可将目标分成几大类别,如静止地面目标、船、地面车辆、飞机、直升机和导弹。

(2) 根据目标高程、速度、机动和加速度的精确测量结果可对某一大类中的目标进一步判别,如运输机与战斗机的判别、坦克等低速车辆与卡车、小轿车等快速车辆的判别。

(3) 根据再入大气或在大气内导弹的减速情况可以估计导弹的空气动力学系数,从而将真实导弹与诱饵进行区分。

2. 雷达测量数据

从目标的一些雷达特性测量结果中可获取大量关于目标结构的信息。

(1) 目标雷达截面积可大致反映目标的大小,但根据目标雷达截面积判别目标时要谨慎。因为隐身技术可降低雷达截面积,镜面反射器等设备可增大雷达截面积(详见 3.1 节)。双极化雷达能够通过测量信息获得目标结构和目标线状结构的朝向等信息(详见 3.1 节)。大气衰减和雨损耗会使得雷达截面积测量结果存在偏移误差(详见 4.1 和 4.2 节)。

(2) 目标雷达截面积起伏特征暗含着目标尺寸和动态信息。固定频率下,目标雷达截面积起伏度暗示着目标尺寸和旋转速度之间的关系(详见 3.3 节)。另外,根据不同频率下静止目标雷达截面积的测量结果可以推断出目标的尺寸(详见3.4 节)。

(3) 雷达距离分辨率小于目标径向长度时,雷达可对目标径向长度和径向距离像进行测量(详见 5.1 节),测量结果直接反映了目标尺寸和目标结构。测量结果随时间的变化情况能够进一步反映目标的尺寸和动态信息。

(4) 目标横向尺寸和旋转速度可从目标回波信号频谱展宽 Δf 中获取。Δf 可表示为

$$\Delta f = \frac{2a\omega \sin\gamma}{\lambda} \tag{5.27}$$

式中,a 为目标横向尺寸;ω 为目标旋转速度,单位为 rad/s;γ 为雷达视线和目标旋转轴之间的夹角。当雷达采用脉冲串波形且雷达频率分辨率小于 Δf、不模糊频率大于 Δf 时,雷达可测量得到目标频谱宽度和频谱序列(详见 5.1 节)。

(5) 在获得每个距离分辨单元频谱序列的基础上,即可得到旋转目标的距离多普勒图像。因为多普勒频率对应横向距离尺寸,所以多个距离分辨单元的目标频谱序列本质上就是一个目标的二维图像。如果雷达通过目标特征观测能够获得目标旋转速度,并且能够估计得到目标方位角,那么目标横向尺寸即可采用式(5.27)进行估计。逆合成孔径雷达和合成孔径雷达均采用了这种处理方法(详见 5.4 节)。

3. 背景信息

雷达目标观测的背景信息可以为目标判别提供额外信息。

(1) 地面车辆与道路的相对位置暗示着目标种类。例如,偏离道路的车辆可能是坦克,道路上的车辆可能是卡车。

（2）地面目标的组成暗示着目标性质。通过目标上的移动装置和固定装置的结构外形可能判断出装置属性及其采用的物体类型。这种方法对护航舰队、海军编队和特定舰船的结构外形判断同样适用。

（3）飞行航迹的起点和终点可以反映目标类型及其目的。根据飞行计划数据或者初始航迹点可能实现对目标的鉴别。这种方法对舰船同样适用。

（4）目标的反应可为目标识别提供有用信息。例如，敌方目标可能避开城市或防御区；敌方目标可能采取机动以躲避我方战斗机，或者目标可能对外部指令进行应答。应答技术已经被空中管理中心广泛用于运输机识别。

4. 二次监测雷达和敌我识别

在这些系统中，地面站使用旋转天线（这种旋转天线通常与空中监测雷达天线组合在一起）发射脉冲信号对目标进行询问。飞机携带的应答器先接收询问信号并对其进行解码，然后采用不同频率的编码信息进行应答，应答信息通常包括飞机身份和高度。地面站接收应答信息并对其进行解码，确认飞机身份和位置（图 5.5）。

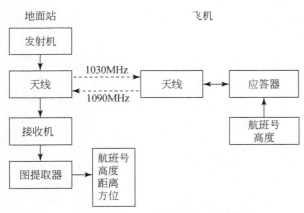

图 5.5　二次监测雷达和敌我识别系统结构

在第二次世界大战期间，这种询问应答技术发展成为敌我识别技术，主要用于对敌我飞机进行识别。当前采用的敌我识别系统如 Mk XII 系统，结合飞机的高度数据可用于空中交通管制，该系统最初被称为离散地址信标系统（discrete address beacon system，DABS），现在称为二次监测雷达或模式 S 系统[38]。

此系统具有以下特点：

（1）每架飞机必须装备一个应答器。

（2）单向传输。远距离传输所需的发射功率较低、天线较小。

（3）上行链路和下行链路采用不同的频率可避免杂波。

（4）能够提供目标敌我属性和高程等有用信息。

（5）根据应答延迟时间可获得目标距离。

（6）通过单脉冲天线可测量得到目标方位角。

（7）目标高程由目标自身测量，空中监测雷达无需进行高度测量。

（8）敌我识别系统的目标识别代码加密，能够防止敌方伪造。

第6章 辅助计算

6.1 单位转换

本书使用国际单位制(SI),即米-千克-秒单位制。其他常用单位与 SI 之间的转换关系如表 6.1 所示。

表 6.1 常用单位与 SI 之间的转换关系

SI	转换到的常用单位	系数	反向系数
米	码	1.094	0.9144
米	英尺	3.281	0.3048
米	英寸	39.37	0.0254
千米	英里	0.6214	1.609
千米	海里	0.54	1.852
千米	千英	3.281	0.3048
米/秒	千米/小时	3.6	0.2778
米/秒	英里/小时	2.237	0.4470
米/秒	海里/小时,(节)	1.944	0.5145
千克	磅	2.205	0.4536
克	盎司	0.03527	28.35
秒	分钟	0.01667	60.00
秒	小时	0.0002778	3600
弧度	度	57.3	0.01745
焦耳	卡	0.2388	4.187
千瓦	马力	1.341	0.7457

参数值经常表示为 SI 单位乘以一个系数,系数通常是 10 的 n 次方。系数对应的前缀和缩写如表 6.2 所示。

表 6.2 测量单位前缀及其对应的系数

前缀	缩写	系数
pico	p	10^{-12}
nano	n	10^{-9}
micro	μ	10^{-6}
milli	m	10^{-3}
centi	c	10^{-2}
deci	d	10^{-1}
deka	da	10^{1}
hecto	h	10^{2}
kilo	k	10^{3}
mega	M	10^{6}
giga	G	10^{9}
tera	T	10^{12}

SI 中温度的单位为开尔文(K)。开尔文与摄氏度(℃)、华氏度(℉)相互转换，具体表示为

$$K = ℃ + 273.15 \tag{6.1}$$

$$℃ = K - 273.15 \tag{6.2}$$

$$K = 273.15 + \frac{5(℉ - 32)}{9} \tag{6.3}$$

$$℉ = \frac{9K}{5} - 459.67 \tag{6.4}$$

6.2 常　　量

本书中雷达性能分析常用的常量取值如表 6.3 所示。

表 6.3 雷达分析常用的常量取值

常量	缩写	取值
真空中的光速	c	2.998×10^8 m/s
玻尔兹曼常数	k	1.381×10^{-23} J/K
平均地球半径	r_E	6371km
4/3 地球半径	r_E	8495km

海平面大气中的光速为 2.997×10^8 m/s。大气层内外的光速为 3×10^8 m/s。玻尔兹曼常数为 1.38×10^{-23} J/K。

计算雷达热噪声时经常使用的室温为 290K。此值对应于 17℃、62℉。

6.3 分 贝

功率比取对数后用分贝来表示(dB)：

$$dB = 10\lg(功率比) \tag{6.5}$$

$$功率比 = 10^{dB/10} \tag{6.6}$$

用分贝表示的雷达功率比包括信噪比、天线增益和损耗因子。相对于某测量单位的值也可表示为相对于此单位的分贝。例如，Watt 可换算为 dBw；m^2 可换算为 dBsm 或 dBm^2，该单位常用于目标雷达截面积；相对于全向天线增益的 dB 值为 dBI。

因为分贝是经对数运算之后的值，分贝数的加、减等效于相应值的乘、除，分贝数乘以一个系数 n 相当于相应的功率比值的 n 次幂(表 6.4)，因此雷达多个损耗相乘等于多个损耗的 dB 值相加。

图 6.1 给出了功率比与分贝数之间的关系。表 6.5 和表 6.6 给出了常见功率比与其分贝值。注意，功率比乘以 10^n 等效于分贝值加 $10n$，功率比除以 10^n 等效于分贝值减少 $10n$；反之亦然(表 6.4)。

表 6.4　分贝值与功率比之间的等价运算

分贝运算	等价的功率比运算
$A(dB) + B(dB)$	$A \cdot B$
$A(dB) - B(dB)$	A/B
$C \cdot D(dB)$	D^C
$D(dB)/C$	D^{-C}
$E(dB) + 10n$	$E \times 10^n$
$E(dB) - 10n$	$E/10^n$

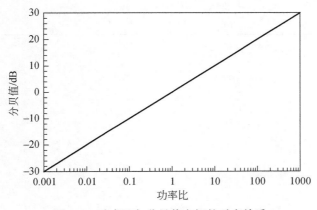

图 6.1　功率比与分贝值之间的对应关系

表 6.5　典型功率比及其分贝值

功率比	分贝值/dB	功率比	分贝值/dB
1	0	0.1	−10
2	3.010	0.2	−6.989
3	4.771	0.3	−5.229
4	6.021	0.4	−3.970
5	6.990	0.5	−3.010
6	7.782	0.6	−2.218
7	8.451	0.7	−1.549
8	9.031	0.8	−0.9691
9	9.542	0.9	−0.4576
10	10	1	0

表 6.6　分贝值与其对应的功率比

分贝值/dB	功率比	分贝值/dB	功率比
0	1	0	1
1	1.259	−1	0.7943
2	1.585	−2	0.6310
3	1.995	−3	0.5012
4	2.512	−4	0.3981
5	3.162	−5	0.3162
6	3.981	−6	0.2512
7	5.012	−7	0.1995
8	6.310	−8	0.1585
9	7.943	−9	0.1259
10	10	−10	0.1

参 考 文 献

[1] Curry G R. Pocket Radar Guide. Raleigh: SciTech Publishing, 2010.

[2] Richards M A, Scheer J A, Holm W A. Principles of Modern Radar. Raleigh: SciTech Publishing, 2010.

[3] Skonlik M I. Radar Handbook. New York: McGraw Hill, 2008.

[4] Stimson G W. Introduction to Airborne Radar. Raleigh: SciTech Publishing, 1998.

[5] Curry G R. Radar System Performance Modeling. 2nd ed. Norwood: Artech House, 2005.

[6] Barton D K. Radar System Analysis and Modeling. Norwood: Artech House, 2004.

[7] IEEE Standard Radar Definitions. IEEE Std 686 — 2008. The Institute of Electrical and Electronic Engineers, New York, 2008.

[8] IEEE Standard Letter Designations for Radar Frequency Bands. IEEE Std 521 — 2002. The Institute of Electrical and Electronic Engineers, New York, 2003.

[9] Scheer J A, Holm W A. Introduction and radar overview//Richards M A, Scheer J A, Holm W A. Principles of Modern Radar. Raleigh: SciTech Publishing, 2010.

[10] Barton D K, Ward H R. Handbook of Radar Measurement. Norwood: Artech House, 1984.

[11] Wallace T V, Jost R J, Schmid P E. Radar transmitters//Richards M A, Scheer J A, Holm W A. Principles of Modern Radar. Raleigh: SciTech Publishing, 2010.

[12] Weil T A, Skolnik M. The radar transmitter//Skolnik M I. Radar Handbook. 3rd ed. New York: McGraw Hill, 2008.

[13] Bruder J A. Radar receivers//Richards M A, Scheer J A, Holm W A. Principles of Modern Radar. Raleigh: SciTech Publishing, 2010.

[14] Taylor J W. Receivers//Skolnik M I. Radar Handbook. 2nd ed. New York: McGraw Hill, 1990.

[15] Borkowski M T. Solid- state transmitters//Skolnik M I. Radar Handbook. 3rd ed. New York: McGrawHill, 2008.

[16] Richards M A. The radar signal processor//Richards M A, Scheer J A, Holm W A. Principles of Modern Radar. Raleigh: SciTech Publishing, 2010.

[17] Shaeffer J F. Target reflectivity//Richards M A, Scheer J A, Holm W A. Principles of Modern Radar. Raleigh: SciTech Publishing, 2010.

[18] Richards M A. Target fluctuation models//Richards M A, Scheer J A, Holm W A. Principles of Modern Radar. Raleigh: SciTech Publishing, 2010.

[19] Ruck G T. Planar surfaces//Ruck G T. Radar Cross Section Handbook. New York: Plenum Press, 1970.

[20] Barrick D E. Cylinders//Ruck G T. Radar Cross Section Handbook. New York: Plenum Press, 1970.

[21] Ruck G T. Complex bodies//Ruck G T. Radar Cross Section Handbook. New York: Plenum Press, 1970.

[22] Skolnik M I. Introduction to Radar Systems. New York: McGraw Hill, 2002.

[23] Richards M A. Threshold detection of radar targets//Richards M A, Scheer J A, Holm W A. Principles of Modern Radar. Raleigh: SciTech Publishing, 2010.

[24] Frank J, Richards J D. Phased array radar antennas//Skolnik M I. Radar Handbook. 3rd ed. New York: McGraw Hill, 2008.

[25] Blair W D. Radar tracking algorithms//Richards M A, Scheer J A, Holm W A. Principles of Modern Radar. Raleigh: SciTech Publishing, 2010.

[26] Bath W G, Trunk G V. Automatic detection, tracking, and sensor integration//Skolnik M I. Radar Handbook. 3rd ed. New York: McGraw Hill, 2008.

[27] Blake L V. Radar Range Performance Analysis. Norwood: Artech House, 1986.

[28] Morchin W. Radar Engineer's Source Book. Norwood: Artech House, 1993.

[29] Crane R K. Electromagnetic Wave Propagation Through Rain. New York: Wiley & Sons, 1996.

[30] Currie N C. Characteristics of clutter//Richards M A, Scheer J A, Holm W A. Principles of Modern Radar. Raleigh: SciTech Publishing, 2010.

[31] Wetzel L B. Sea clutter//Skolnik M I. Radar Handbook. 3rd ed. New York: McGraw Hill, 2008.

[32] Moore R K. Ground Echo//Skolnik M I. Radar Handbook. 3rd ed. New York: McGraw Hill, 2008.

[33] Millman G H. Atmospheric effects on radio wave propagation//Berkowitz R S. Modern Radar. New York: John Wiley, 1965.

[34] Keel B M. Fundamentals of pulse compression waveforms//Richards M A, Scheer J A, Holm W A. Principles of Modern Radar. Raleigh: SciTech Publishing, 2010.

[35] Deley G W. Waveform design//Skolnik M I. Radar Handbook. New York: McGraw Hill, 1970.

[36] Richards M A. Doppler processing//Richards M A, Scheer J A, Holm W A. Principles of Modern Radar. Raleigh: SciTech Publishing, 2010.

[37] Showman G A. An overview of radar imaging//Richards M A, Scheer J A, Holm W A. Principles of Modern Radar. Raleigh: SciTech Publishing, 2010.

[38] Stevens M C. Secondary Surveillance Radar. Norwood: Artech House, 1988.

附录 A　符　号　表

A	天线有效孔径面积,m^2
a	目标尺寸,m
A_A	天线物理孔径面积,m^2
a_A	双向大气损耗,dB/km
A_C	地面散射单元反射面积,m^2
A_CR	角反射器投影面积,m^2
A_E	阵元有效孔径面积,m^2
A_P	平板面积,m^2
A_R	接收天线有效孔径面积,m^2
a_R	双向雨损耗,dB/km
A_φ	扫描角度为 φ 时的阵列有效孔径面积,m^2
B	信号带宽,Hz
B_J	干扰机宽带,Hz
B_R	接收机带宽,Hz
B_S	子脉冲带宽,Hz
C	杂波或箔条回波功率,W
c	光速,$3 \times 10^8 \text{m/s}$
CR	抑制比
D	天线方向性;横向距离尺寸,m
d	阵元间隔,m;相位中心偏置天线相位中心间距,m
DC	占空比
E	脉冲或波形能量,J

E_{MAX}	最大脉冲能量,J
ERP	干扰机有效发射功率,W
f	频率,Hz
f_D	多普勒频移,Hz
f_R	多普勒频率分辨率,Hz
F_R	噪声系数
G	天线增益
G_E	阵元增益
G_J	干扰机天线增益
G_R	接收天线增益
G_T	发射天线增益
G_φ	扫描角度为 φ 时的天线增益
h_R	雷达高度,m
h_T	目标高度,m
J	雷达接收到的干扰信号功率,W
k	玻尔兹曼常量,1.38×10^{-23}J/K
k_A	天线波束宽度系数
L	雷达系统损耗
l	雨或大气衰减路径长度,m
L_A	总的双向大气损耗
L_{BS}	波束形状损耗
L_D	检测损耗
L_E	天线孔径效率损耗
L_J	干扰机损耗
L_M	接收微波损耗
L_O	天线欧姆损耗

L_R	总的双向雨损耗
L_S	搜索损耗
L_T	发射损耗
N	噪声功率，W；大气折射率
n	脉冲积累数，观测目标的脉冲数，测量中使用的脉冲数，折射系数
n_B	搜索模式下的波束数量
n_C	箔条偶极子数量
n_E	阵元数量
n_M	相控阵模块数量
n_S	子脉冲数量
P_A	发射机平均功率，W
P_{AM}	发射组件平均功率，W
PC	脉冲压缩增益
P_D	检测概率
P_{DO}	双门限检测中单次观测的检测概率
P_{FA}	虚警概率
P_{FAO}	双门限检测中单次观测的虚警概率
P_J	干扰机功率，W
P_P	发射机峰值功率，W
P_{PM}	发射组件峰值功率，W
P_R	接收机噪声功率，W
PRF	脉冲重复频率，Hz
PRI	脉冲重复间隔，s
P_S	提供给发射机的初始功率，W
r	降雨量，mm/h
R	雷达与目标之间的距离，m

R_A	能保证的截获距离, m; 不模糊距离, m
R_D	检测距离, m
r_E	4/3 地球半径, 8495km
R_F	远场距离, m
r_{FA}	虚警率, Hz
R_H	水平距离, m
R_M	最小距离约束, m
R_{MAX}	最大目标距离, m
R_R	目标与接收天线之间的距离, m
R_S	圆柱体半径, m
R_T	发射天线到目标的距离, m; 栅栏搜索时雷达与目标之间的最短距离, m
S	信号功率, W
S/C	信号与杂波功率比; 信号与箔条回波功率比
S/J	信号与干扰功率比
S/N	信号与噪声功率比
SL	天线旁瓣电平
SLI	相对于全向天线增益的旁瓣电平
t	往返传播时间, s
T_A	天空温度, K
t_{FA}	虚警间隔时间, s
t_M	测量持续时间, s
t_R	天线旋转周期, 时间分辨率或脉冲压缩持续时间, s
T_R	接收机噪声温度, K
T_{RM}	组件接收机噪声温度, K
t_S	搜索时间, s
T_S	系统噪声温度, K

V	目标速度,m/s
V_A	不模糊径向速度,m/s
V_C	分辨单元内杂波或箔条体积,m^3
V_{RMAX}	最大目标径向速度,m/s
V_R	目标径向速度,m/s
V_T	栅栏搜索下目标切线速度,m/s;总的箔条体积,m^3
W	天线尺寸,m;实际孔径长度,m
W_C	箔条重量,kg
W_S	平板尺寸,m;天线子阵尺寸,m;合成孔径长度,m
Y_T	经噪声平均功率归一化后的门限
α	目标速度矢量与雷达视线之间的夹角,rad;跟踪滤波器参数
α_R	目标速度矢量与接收天线视线之间的夹角,rad
α_T	目标速度矢量与发射天线视线之间的夹角,rad
β	跟踪滤波器参数;双站角,rad
ΔD	横向距离分辨率,m
Δf	独立观测所需的频率变化量,Hz;信号频谱展宽,Hz
ΔR	距离分辨率,m
δR	直达波与多径反射波之间的路径差,m
ΔV	径向速度分辨率,m/s
$\Delta \alpha$	独立观测所需的视线角变化量,rad
$\Delta \varphi$	多径导致波瓣分裂后的波瓣角度间隔,rad
φ_A	平台速度与雷达视线之间的方位角,rad
φ_D	俯角,rad
φ_E	栅栏搜索的俯仰角范围,rad
γ	掠射角,rad;目标旋转轴与雷达视线之间的夹角,rad;跟踪滤波器参数
η	体杂波反射率,m^{-1}

η_T　　　　　　发射机效率

ϕ　　　　　　天线扫描角,rad;平台速度矢量与法线方向之间的夹角,rad

ϕ_M　　　　　阵列最大扫描角度,rad

λ　　　　　　波长,m

θ　　　　　　天线波束宽度,rad

θ_A　　　　　方位角波束宽度,rad

θ_E　　　　　仰角波束宽度,rad

θ_S　　　　　合成孔径波束宽度,rad

θ_X　　　　　X 平面天线波束宽度,rad

θ_Y　　　　　Y 平面天线波束宽度,rad

θ_ϕ　　　　　扫描角为 ϕ 时的阵列波束宽度,rad

σ　　　　　　雷达截面积,m^2;测量误差的标准差

σ^0　　　　　地面反射率

σ_A　　　　　角度测量误差的标准差,rad

σ_{AV}　　　　平均雷达截面积,m^2

σ_C　　　　　杂波雷达截面积,m^2;箔条总的雷达截面积,m^2

σ_D　　　　　横向距离测量误差的标准差,m

σ_R　　　　　距离测量误差的标准差,m

σ_V　　　　　径向速度测量误差的标准差,m/s

τ　　　　　　波长持续时间,s

τ_{MAX}　　　　发射机最大脉冲持续时间,s

τ_P　　　　　子脉冲时间间隔,s

τ_S　　　　　子脉冲持续时间,s

ω　　　　　　目标旋转角速度,rad/s

ψ　　　　　　与天线主波束之间的夹角,rad

ψ_S　　　　　搜索立体角,rad^2

附录 B 词 汇 表

AGC	自动增益控制
AMTI	机载动目标显示
CFAR	恒虚警率
CM	对抗
COHO	相参本机振荡器
CW	连续波
DABS	离散地址信标系统
DBS	多普勒波束锐化
DPCA	相位中心偏置天线
ECCM	电子反对抗
ECM	电子对抗
EHF	极高频
ERP	有效发射功率
ESJ	随队支援干扰
EW	电子战
FFOV	全视场
FFT	快速傅里叶变换
FIR	有限长脉冲冲激响应
FMCW	调频连续波
GaAsFET	砷化镓场效应晶体管
GMTI	地面动目标显示
GaN	砷化镓（晶体管）

HEMT	高电子迁移率晶体管
HF	高频
IF	中频
IFF	敌我识别
ISAR	逆合成孔径雷达
ITU	国际电信联盟
LC	左旋圆极化
LFOV	有限视场
LNA	低噪声放大器
LOS	视线
MDV	最小可检测速度
MLJ	主瓣干扰机
MTI	动目标显示
OPS	每秒操作
OTH	超视距
PDF	概率密度函数
PRF	脉冲重复频率
PRI	脉冲重复间隔
RAM	雷达吸波材料
RC	右旋圆极化
RCS	雷达截面积
RF	射频
RSS	和的平方根
SAR	合成孔径雷达
SAW	表面声波
SHF	超高频

SI	国际单位制
SLB	旁瓣消隐
SLC	旁瓣对消
SLJ	旁瓣干扰机
SNR	信噪比
SOJ	远距离支援干扰
SSR	二次监视雷达
STALO	稳定本机振荡器
STAP	空时自适应处理
STC	灵敏度时间控制
T/R	发射接收
TWS	边扫描边跟踪
TWT	行波管
UHF	特高频
VHF	甚高频

索　引

A

α-β滤波器,51

B

波形类型,74
波形产生器,17
波形特性,74
箔条干扰,72

C

测量误差,46
超视距雷达,4

D

大气衰减,54
单脉冲检测,35
单位转换,88
单站雷达,3
低噪声放大器,20
敌我识别,87
地面动目标显示,82
地面反射率,63
地形遮蔽与多径,59
电离层效应,65
电子对抗,69
电子反对抗,70
电子战频段,7
动目标显示,78
多径效应,61
多普勒波束锐化,83

E

二次监测雷达,5

F

发射机组成,17
发射/接收组件,16
反常传播(波导),59
反射面天线,14
方向图,13
非相参积累,33
非相参积累检测,36
夫琅和费区域,12

G

高度杂波,81
跟踪滤波器,51
跟踪模式,51
跟踪数据率,52
固定频率波形,75
固定随机测量误差,47
固定随机角度测量误差,49

H

航迹关联,52
合成孔径雷达,5
恒虚警率(CFAR)技术,24
混合天线,16

I

ITU频段,7

J

机载动目标显示,81
机载雷达,5
极化,30
极化旋转,68
假目标,73
交叉极化,30
角度测量,48
角反射器,29
接收机噪声温度,19
接收机组成,20
镜面散射,29
距离测量,47
距离多普勒耦合,76
聚束 SAR,84

K

Kalman 滤波器,52
空时自适应处理,79
孔径加权函数特性,13

L

雷达,1
雷达测量,46
雷达测量误差,47
雷达搭载平台,5
雷达跟踪,51
雷达组成,9
雷达距离方程,30
雷达偏移误差,49
雷达频段,5
雷达截面积,26
雷达视线距离,59
雷达搜索,42
雷达吸波材料,30

连续波雷达,4
联合电子类型命名系统,7
灵敏度时间控制,20

M

脉冲串波形,77
脉冲多普勒处理,79
脉冲干扰,72
脉冲积累,24
脉冲雷达,4
脉冲重复间隔,4
脉冲重复频率,4
模式 S 系统,87
目标测量,24
目标分类,84
目标跟踪,24
目标检测,24
目标鉴别,84
目标径向速度,2
目标闪烁,49
目标识别,84
目标特性,2

N

逆合成孔径雷达,24

P

旁瓣增益,12
旁瓣对消器,71
旁瓣干扰,71
旁瓣混淆干扰,72
旁瓣消隐与旁瓣对消,24
抛物面天线,14
匹配滤波,25
偏移误差,47
频率分散,68

平面阵列天线,15

Q

全视场相控阵,16

S

4/3 地球模型,59

Swerling RCS 起伏模型,28

扫频干扰,72

烧穿距离,71

射频电源,18

时宽带宽积,75

收发转换开关,10

数字处理技术,25

数字信号处理,2

双门限检测,42

双基地角,30

双基地雷达,3

双基地雷达截面积,30

搜索雷达方程,43

随队支援干扰,71

随机误差,47

T

T/R 组件,23

天基雷达,5

天线波束宽度,12

透镜损耗,56

图像生成,24

W

稳定本机振荡器,17

X

系统损耗,31

系统噪声温度,32

线性调频脉冲,76

相参本机振荡器,18

相参积累,32

相参积累检测,35

相参雷达,4

相控阵雷达,49

相控阵搜索,45

相控阵天线,15

相位编码波形,76

相位中心偏置天线,79

信号极化,14

信号与数据处理,23

信噪比,30

虚警,34

Y

隐身,30

有限视场相控阵,16

雨损耗,57

雨杂波,64

Z

杂波,61

杂波对消,78

杂波特性,80

杂波抑制,65

噪声干扰,70

噪声系数,20

栅栏搜索,45

主瓣干扰机,69

转发干扰机,70

自动增益控制,20

自卫干扰,71

阻塞干扰,71

最大观测距离,60

最小可检测速度,80